獻給我的祖母 Erminia Antos，
終身的老師和學習者。

涵蓋 Python 3.7

經典電腦科學問題解析使用 Python

Title : Classic Computer Science Problems in Python
Author : David Kopec
ISBN : 978-1-617295-98-0

目錄

致謝

謝謝 Manning 出版社每一位協助本書出版的人：Cheryl Weisman、Deirdre Hiam、Katie Tennant、Dottie Marsico、Janet Vail、Barbara Mirecki、Aleksandar Dragosavljević、Mary Piergies、Marija Tudor。

我要感謝編輯 Brian Sawyer，在我完成 Swift 的書之後，他明智的引導我們繼續攻向 Python。感謝編輯 Jennifer Stout 永遠充滿了積極的態度。感謝技術編輯 Frances Buontempo，他仔細斟酌了每一章，並且提供了詳細、有用的寶貴意見。我要感謝編輯 Andy Carroll 和技術校對 Juan Rufes，他們非常重視細節，並且捉出了我在這本和 Swift 那本書的一些錯誤。

以下這些人也檢閱了這本書：Al Krinker、Al Pezewski、Alan Bogusiewicz、Brian Canada、Craig Henderson、Daniel Kenney-Jung、Edmond Sesay、Ewa Baranowska、Gary Barnhart、Geoff Clark、James Watson、Jeffrey Lim、Jens Christian、Bredahl Madsen、Juan Jimenez、Juan Rufes、Matt Lemke、Mayur Patil、Michael Bright、Roberto Casadei、Sam Zaydel、Thorsten Weber、Tom Jeffries 和 Will Lopez。感謝所有在本書製作期間提供建議和具體評論的人，你的意見都已採納。

我要感謝家人、朋友和同事，他們鼓勵我緊接著在《*Classic Computer Science Problems in Swift*》出版之後，立即繼續進行這本書。在 Twitter 和其他地方的線上朋友不僅用文字鼓勵了我，也以各種方式幫助推廣此書，我要感謝他們。我也要感謝始終支持我的妻子 Rebecca Kopec 和我的母親 Sylvia Kopec。

我們在相當短的時間內製作了這本書，手稿的絕大部分是在 2018 年夏季根據先前的 Swift 版本所寫。我很感激 Manning 願意壓縮製作過程（通常要更長），讓我能在對我有利的時程工作。我知道這給整個團隊帶來了壓力，因為我們在短短幾個月內讓許多不同的人進行了三輪不同層級的審查。大多數讀者對傳統出版商的技術書要經歷多少不同的檢閱、有多少參與檢閱修改的人數會感到驚訝。從技術校對者到文字編輯、審閱編輯，所有參與本書審稿相關工作的人，我要謝謝你們！

最後，最重要的，我要感謝讀者購買這本書。在充滿半吊子線上教學課程的世界，我認為重要的是要支持書籍製作，以便同一位作者能有足夠的內容篇幅繼續為一貫的論述發聲。線上教學課程或許是很豐富的資源，但是你的購買會讓完整、嚴謹、精心製作的書籍仍然可以在電腦科學教育佔有一席之地。

關於作者

David Kopec 是尚普蘭學院（Champlain College，位於佛蒙特州伯靈頓）電腦科學與創新的助理教授。他是一位經驗豐富的軟體開發人員，也是《*Classic Computer Science Problems in Swift*》（Manning，2018 年）和《*Dart for Absolute Beginners*》（Apress，2014 年）的作者。David 擁有達特茅斯學院（Dartmouth College）的經濟學學士和電腦科學碩士等學位。你可以透過 Twitter @davekopec 和 David 聯繫。

關於封面插畫

本書封面的插圖標題文字是 " Habit of a Bonza or Priest in China"（中國的邦扎或牧師的習慣）。插圖取材自 Thomas Jefferys 的《*A Collection of the Dresses of Different Nations, Ancient and Modern*》（古代與現代的異族服飾合集，4 冊，倫敦），出版的時間是在 1757 年至 1772 年之間。標題頁指出，這些是塗了阿拉伯樹膠的手工上色銅版雕刻。

Thomas Jefferys（1719–1771 年）被尊稱為「喬治國王三世的地理學家」。他是英國製圖師，曾是當時主要的地圖提供者，不僅為政府和其他官方機構刻製、印刷地圖，並製作了各種商業地圖和地圖集，特別是北美洲。他的地圖製作工作激發了他調查和繪製當地服飾習俗的興趣，這些在這本合集中獲得了出色的表現。18 世紀後期，人們迷戀遙遠的土地和休閒旅行是相對較新的現象，諸如此類的收藏很受歡迎，將觀光客和紙上談兵的遊客介紹給其他國家的居民。

Jefferys 畫作的多樣性生動描繪了大約 200 年前世界各國的獨特和個性。自從那時，服飾的穿著風格發生了改變，而當時如此豐富的地區和國家的多樣性已經消失。致使現在通常很難區分某個大陸的居民和另一個大陸的居民，但或許可以試著這樣樂觀面對：我們已經將文化和視覺的多樣性換成了更加多樣的個人生活——或者換成了更加多樣有趣的知識和技術生活。

在電腦書籍難以區分彼此的時刻，Manning 便複刻 Jefferys 的畫作，以兩個世紀前當地生活的豐富多樣，來頌揚電腦行業的獨創和主動。

前言

感謝你購買本書。Python 是這世界最受歡迎的程式語言，而且有各式各樣背景的人變成 Python 程式設計師；其中有些擁有正式的電腦科學教育背景，有些則是因為興趣而學習 Python，更有一些雖然是在專業環境使用 Python，但他們主要的工作並非軟體開發人員。這本中階書籍裡的問題將有助於老鳥程式設計師釐清他們在接受電腦科學教育時，學習程式語言的某些進階功能的想法；對自學的程式設計師來說，以他們所選擇的程式語言（Python）來學習經典問題，則能加快他們電腦科學教育的學習速度。這本書涵蓋了電腦科學領域的諸多解決問題的技巧，相信每個人都能找到感興趣的主題。

這本不是 Python 入門書，反之，這本書假設你已經是中上程度的 Python 程式設計者。雖然本書要求的是 Python 3.7，但並未假設讀者能掌控這個最新版本的每個面向；事實上，創作此書的前提是書中內容能作為學習材料來幫助讀者完成如此的掌控。此外，這本書並不適合完全沒有接觸過 Python 的讀者。

為什麼選 Python ?

很多研究或工作都用到 Python，諸如資料科學、影片製作、電腦科學教育、資訊管理等。的確沒有 Python 沒有涉及的運算領域（核心開發可能是例外），這個程式語言因為彈性、優美和簡潔的語法、純正的物件導向和活躍的社群而受到關愛。強而有力的社群至關重要，因為它意味著 Python 歡迎新手，並且提供了大量可用的程式庫生態系統給開發人員。

因為這樣，有時候會認為 Python 是適合初學者的程式語言，而且這種特徵可能也很正確。例如多數人皆同意 Python 比 C++ 容易學習，而且幾乎可以確定 Python 社群對新手更為友善。所以很多人學習 Python 是因為 Python 平易近人，接著他們很快就開始編寫心中想要的程式。不過他們可能從未受過電腦科學教育，也就是完全沒有學過這些十分有用的問題解決技巧。如果你就是這類已經瞭解 Python 但還不瞭解電腦科學的程式設計師，那麼你正是本書的目標讀者。

其他人在長期的軟體開發之後，會將 Python 當作第 2、第 3、第 4 或第 5 種語言而加以學習。對他們來說，看到這些他們已經在其他語言看過的舊問題，也有助於他們加速學習 Python。對他們來說，這本書可能是工作面試之前很好的複習，或者也可能發現一些先前未曾想過可應用在工作上的問題解決技巧。若是這類的讀者，我鼓勵他們瀏覽目錄來找找本書裡面有沒有能引起他們興趣的主題。

何謂經典電腦科學問題？

有人說電腦與電腦科學的關係就如同望遠鏡與天文學，如果真是這樣，那或許程式語言就像是望遠鏡的鏡片。無論如何，這裡所謂的「經典電腦科學問題」，是指「通常會在大學電腦科學課程教授的程式設計問題」。

新手程式設計師必須要能解決一些程式設計問題，這類問題不論是在攻讀學士學位（電腦科學、軟體工程等）的課堂裡，或是中階程式設計教科書當中（例如人工智慧或演算法的第 1 本書），都是老生常談，因而視為經典。你會在這本書找到精心挑選過的這類問題。

這些問題的難易程度可以小到幾行程式碼就能解決，也能複雜到需要花好幾章節來組構系統才能處理。有些問題涉及人工智慧，有些則只需要常識。有些問題很實用，但也不乏稀奇古怪的問題。

什麼類型的問題會出現在這本書？

第 1 章簡介了多數讀者可能很熟悉的問題解決技巧，諸如遞迴、備忘、位元操作都是即將在後續章節探索的其他技巧的重要基礎。

跟在這個四平八穩的簡介之後，是將重點放在搜尋問題的第 2 章。搜尋是個很大的議題，這本書大多數的問題大概都可以納入搜尋的麾下。第 2 章介紹了最重要的搜尋演算法，包括二分搜尋、深度優先搜尋、寬度優先搜尋、A*。這些演算法還會在本書後續再次用到。

在第 3 章，你會為了要解決各種問題而建置應用框架，這類的問題可以藉由彼此相互約束的有限值域變數而抽象定義，包括經典的八皇后問題、澳洲地圖著色問題、密碼算術 SEND+MORE=MONEY。

第 4 章探索了圖形演算法的世界；對初學者來說，圖形演算法可以應用的範圍是讓人驚訝的寬廣。你將在本章建置圖形資料結構，再用它們來解決數種經典的最佳化問題。

第 5 章將探索基因演算法，這項技術的重要性雖然低於本書所涵蓋的其他技術，但有時可以解決傳統演算法無法在合理時間範圍內解決的問題。

第 6 章涵蓋了 k-means 群聚演算法，而這或許是本書演算法最為具體的章節。這種分類群聚的技術容易實作、易於瞭解，而且應用廣泛。

第 7 章的目的在解說何謂類神經網路，並且提供最簡單的類神經網路讓讀者淺嚐。本章的目的並非完整說明這個讓人興奮且持續發展的領域。你將在本章以第一原理建置類神經網路，而且不使用外部程式庫，因此能真的瞭解類神經網路的運作方式。

第 8 章的內容是在雙人完美資訊賽局進行對抗式搜尋。你將學習一種稱為 minimax 的搜尋演算法，這種演算法可以用來開發諸如西洋棋、西洋跳棋和四子棋等遊戲的人造對手。

最後的第 9 章涵蓋了有趣（也好玩）的問題，這些問題不適合放在本書的其他位置。

這本書為誰而寫？

這本書寫給中階和老鳥程式設計人員。如果是想要深入 Python 知識的老鳥程式設計人員，會從這裡找到和他們電腦科學教育或程式設計教育相當熟悉的問題。若是中階程式設計人員，則會以他們選擇的語言（Python）向他們介紹這些經典問題。準備要面試的開發人員可能會發現這本書是很有價值的準備素材。

除了專業的程式設計師，對 Python 有興趣的大學電腦科學課程的學生可能會發現這本書很有幫助。它並不打算以嚴謹的態度來介紹資料結構和演算法。**這不是資料結構和演算法的教科書**。你在此書頁面看不到大 O 記法的驗證，反之，這是一本容易閱讀的問題解決技巧，而且這些技巧應該是採用資料結構、演算法和人工智慧類別的完成品。

再次強調，本書假設讀者已經具備 Python 語法和語意的知識。沒有程式設計經驗的讀者無法從本書獲得太多，而如果沒有 Python 經驗的話，幾乎可以肯定會非常掙扎。此外，《*經典電腦科學問題解析—使用 Python*》是一本寫給將 Python 運用在工作的程式設計師、以及電腦科學學生的書。

Python 版本、原始碼儲藏庫及型別提示

這本書的原始碼恪遵 3.7 版的 Python 語言編寫，並且用了 Python 3.7 獨有的功能，所以部分程式碼將無法在先前的 Python 版本執行。開始本書之前，請務必下載最新版本的 Python，而不是辛苦的試著要在舊版 Python 執行這些範例。

這本書只使用 Python 標準程式庫（第 2 章稍有例外，因為安裝了 `typing_extensions` 模組），所以本書所有的程式碼應該能在任何支援 Python 的平台執行（macOS、Windows、GNU/Linux 等）。本書程式碼只針對 CPython 測試過（可以從 python.org 取得的主要 Python 直譯器），但大部分的程式碼可以在 Python 3.7（另一個 Python 直譯器）執行。

這本書不會解釋如何使用諸如編輯器、除錯器及 Python REPL 之類的 Python 工具，書中的程式碼可以從 GitHub 儲藏庫取得：https://github.com/davecom/ClassicComputerScienceProblemsInPython；這些程式碼按照章節放進不同的資料夾。本書會在列出每段程式碼的標頭呈現原始檔名稱，你可以在 GitHub 儲藏庫對應的章節資料夾找到那些原始檔。根據你電腦的 Python 3 直譯器名稱的設定，只要輸入 `python3 filename.py` 或 `python filename.py`，應該就能執行程式。

列在本書的所有程式碼都使用了 Python 型別提示，也就是所謂的型別註解。這些註解是 Python 語言相對較新的功能，這項功能看起來可能會讓以前從未看過的 Python 程式設計人員感到害怕。本書之所以使用是因為以下 3 點理由：

1. 它們能讓變數、函式參數、函式傳回值的型別更清楚。
2. 因為第 1 點理由，使用型別提示能讓程式碼有某種程度的自我陳述。你只需檢視它的簽名碼，而不用從註解或陳述字串找出函式的傳回值型別。
3. 為了確保正確，它們允許對程式碼進行型別檢查，mypy 就是其中一種很受歡迎的 Python 型別檢查程式。

並非人人都是型別提示的粉絲，而且整本書都用了型別提示，老實說相當冒險。我希望它們是助力而非阻力。以型別提示編寫 Python 需要一點時間，但卻能讓你

回頭讀到更清楚的程式碼。有趣的是型別提示對 Python 直譯器實際執行程式碼並沒有影響。就算你移除本書任何程式碼裡的型別提示，程式碼依然可以執行。如果你之前從未看過型別提示，而且在深入本書之前自認需要更全面的型別提示介紹，請參閱附錄 C，那裡快速介紹了型別提示。

沒有圖形、沒有 UI 程式碼，只有標準程式庫

本書沒有任何範例的執行結果會產生圖形，也沒有任何範例會使用圖形使用者介面（GUI）。為什麼？因為我的目標是盡可能使用簡潔和清楚易讀的方法來解決相關的問題。通常，製作圖形會妨礙甚或絕對會使解決方法比需要說明的技巧或演算法更複雜。

再者，因為不使用任何 GUI 應用框架，本書所有程式碼的可攜性都非常高，在 Linux 執行 Python 嵌入式版本就像在 Windows 桌面執行一樣容易。此外，自行決定只使用 Python 標準程式庫（而非任何外部程式庫）裡的套件，就像大多數高階 Python 書籍的作法。為什麼？目標是從第一原理所教授的問題解決技巧，而不是「嗶嗶嗶安裝解決方案」，然後結束。藉由從零開始解決每個問題，你有希望能瞭解廣為普及流行的程式庫在幕後的運作方式。至少，只使用標準程式庫會提高本書程式碼的可攜性，並且易於執行。

這不是說圖形解決方案對演算法的解說能力比不上非圖形的解決方案，這根本不是本書的重點，而是圖形會增加另一層不必要的複雜性。

1 熱身的小問題

一開始，我們將探討一些只需幾個相對較短的函式就能解決的簡單問題。雖然這些只是小問題，但它們依然能讓我們探討一些解決問題的有趣技巧。請把這些問題視為很好的熱身。

1.1 費式數列

費氏數列是一組數列，這組數列除了第 1 和第 2 項之外，其他任何數的值皆為前兩項的總和：

```
0, 1, 1, 2, 3, 5, 8, 13, 21...
```

費氏數列的第 1 個數值是 0，費氏數列的第 4 個數值是 2，以此類推，若要得到數列裡的任何費氏數值 n，可以利用這項公式

```
fib(n) = fib(n - 1) + fib(n - 2)
```

1.1.1 初試遞迴

上述計算費氏數值（如圖 1.1 所示）的公式是虛擬碼的形式，可以簡單改寫成**遞迴** Python 函式（遞迴函式是一種自我呼叫的函式）。這種機械化的改寫將充當我們第一次嘗試編寫函式，而所編寫的這個函式會傳回特定費氏數列的值。

程式 1.1 fib1.py

```python
def fib1(n: int) -> int:
    return fib1(n - 1) + fib1(n - 2)
```

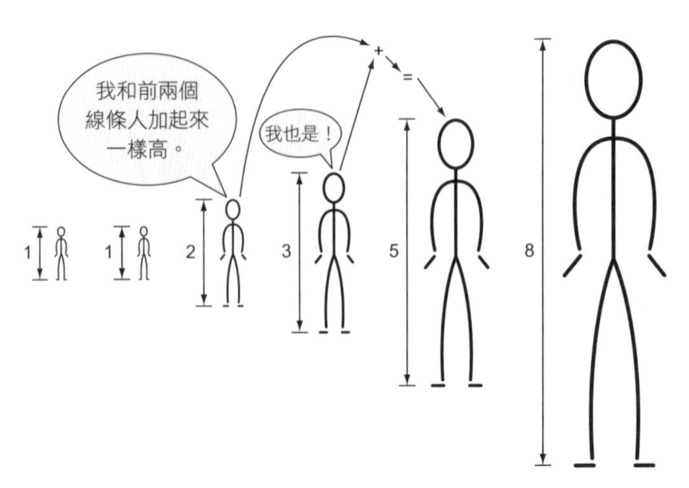

圖 1.1 每個線條人的高度是前兩個線條人高度的加總。

讓我們試著以某個值來呼叫這個函式，並以此執行。

程式 1.2 fib1.py 承上

```
if __name__ == "__main__":
    print(fib1(5))
```

喔哦！如果我們試著執行 fib1.py，就會發生錯誤：

```
RecursionError: maximum recursion depth exceeded
```

問題在於 `fib1()` 將會永遠一直執行，而且不會傳回最終結果。每次呼叫 `fib1()` 就會再另外呼叫兩次 `fib1()` 而無止盡看不到盡頭。我們將這種情況稱為**無窮遞迴**（如圖 1.2），而它類似**無窮迴圈**。

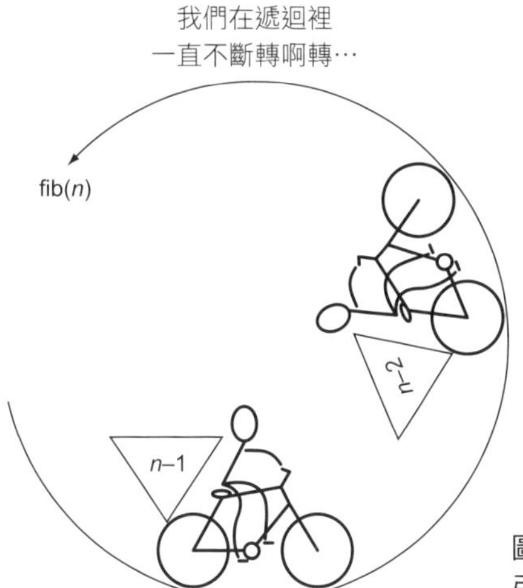

圖 1.2 遞迴函式 **fib(n)** 以引數 **n-2** 和 **n-1** 自我呼叫。

1.1.2 利用基本情況

請注意，一直到執行 fib1() 之前，你的 Python 環境都沒有任何跡象顯示其中有任何問題。避免無窮遞迴是程式設計人員的責任，而不是編譯器或直譯器的責任。無窮遞迴的原因是我們從未指定基本情況。遞迴函式裡的基本情況（base case）是作為停止點。

費氏數列函式這個例子的前兩個特殊序列值 0 和 1，就是天生自然的基本情況。不論 0 或 1 都不是數列裡前兩個數值的和；反之，它們是前兩個特殊的值。讓我們試著將它們指定成基本情況。

程式 1.3 fib2.py

```
def fib2(n: int) -> int:
    if n < 2:  # 基本情況
        return n
    return fib2(n - 2) + fib2(n - 1)  # 遞迴情況
```

NOTE 一如我們原本的想法，fib2() 版的費氏數列函式傳回 0，表示是第 0 個數值（fib2(0)），而非第 1 個數值。就程式設計而言，這種作法很有意義，因為我們習慣從第 0 個元素開始的順序。

fib2() 可以成功呼叫，而且也能傳回正確的值。以下試著以一些較小的數值來呼叫它。

程式 1.4　fib2.py 承上

```
if __name__ == "__main__":
    print(fib2(5))
    print(fib2(10))
```

請勿嘗試呼叫 fib2(50)，這將會永不停止的一直執行！為什麼？因為每次呼叫 fib2() 就會經由遞迴呼叫 fib2(n - 1) 和 fib2(n - 2) 而導致再次呼叫 fib2()（如圖 1.3）。也就是說，呼叫的樹狀是以指數成長。舉例來說，呼叫 fib2(4) 會導致這整組的呼叫：

```
fib2(4) -> fib2(3), ib2(2)
fib2(3) -> fib2(2), ib2(1)
fib2(2) -> fib2(1), ib2(0)
fib2(2) -> fib2(1), ib2(0)
fib2(1) -> 1
fib2(1) -> 1
fib2(1) -> 1
fib2(0) -> 0
fib2(0) -> 0
```

如果計算它們的次數（就如稍後會看到加入一些列印的呼叫），只運算到第 4 個元素就呼叫了 9 次 fib2() ！更糟的是呼叫了 15 次，只是為了運算元素 5，而運算元素 10 需要 177 次呼叫、運算元素 20 需要 21,891 次呼叫。我們可以做得更好。

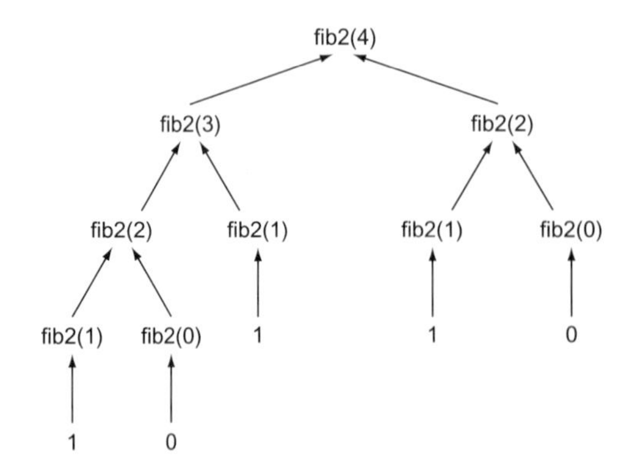

圖 1.3　每次非基本情況的呼叫，都會導致呼叫兩次 **fib2()**。

1.1.3 備忘法上場救援

備忘法是一種技巧，當你完成運算工作時便先儲存結果，因此若再次需要它們，就可以將它們找出來直接使用，無須再花 1 秒鐘的時間來計算它們（如圖 1.4）。[1]

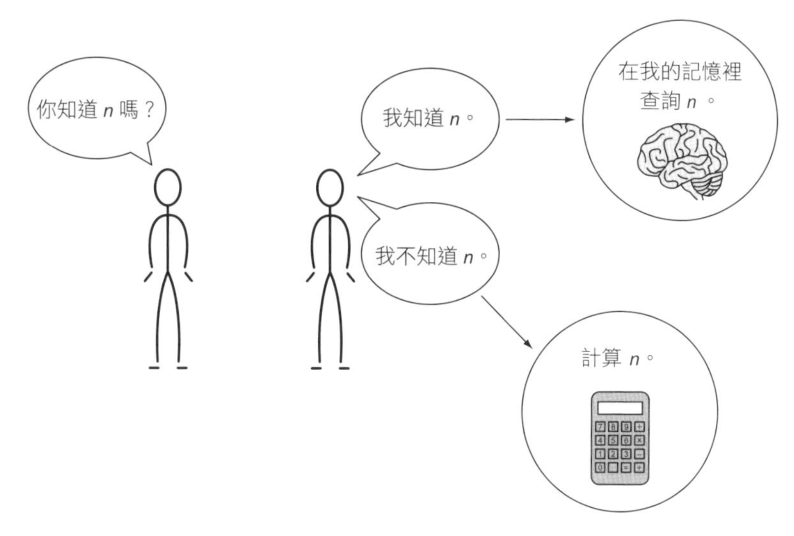

圖 1.4　人類的備忘機制。

讓我們另寫一個費氏數列函式，這個新版本函式會利用 Python 的字典功能來處理備忘法。

程式 1.5　fib3.py

```
from typing import Dict
memo: Dict[int, int] = {0: 0, 1: 1}  # 我們的基本情況

def fib3(n: int) -> int:
    if n not in memo:
        memo[n] = fib3(n - 1) + fib3(n - 2)  # 備忘法
    return memo[n]
```

現在呼叫 `fib3(50)` 就安全了。

1　備忘法（*memoization*）是由知名的英國電腦科學家 Donald Michie 所創。Donald Michie, *Memo functions: a language feature with "rote-learning" properties*（愛丁堡大學，機器智能與感知學系，1967。）

程式 1.6 fib3.py 承上

```
if __name__ == "__main__":
    print(fib3(5))
    print(fib3(50))
```

相對於呼叫 fib2(20) 會產生 21,891 次的 fib2() 呼叫，呼叫 fib3(20) 將只會呼叫 39 次的 fib3()。我們預先在 memo 填入了前面的基本情況 0 和 1，省下在 fib3() 再加入一段 if 陳述式的麻煩。

1.1.4 備忘法自動化

我們可以進一步簡化 fib3()，因為 Python 內建了能自動備忘任何函式的修飾器。在 fib4() 裡面搭配修飾器 @functools.lru_cache() 使用的程式碼，和我們在 fib2() 裡使用的完全相同。每次以新的引數執行 fib4() 時，修飾器就會將傳回值存入快取，當後續再以相同的引數呼叫 fib4() 時，就會從快取取出該引數的 fib4() 傳回值，並且傳回。

程式 1.7 fib4.py

```
from functools import lru_cache

@lru_cache(maxsize=None)
def fib4(n: int) -> int:  # 和 fib2( ) 的定義相同
    if n < 2:  # 基本情況
        return n
    return fib4(n - 2) + fib4(n - 1)  # 遞迴情況

if __name__ == "__main__":
    print(fib4(5))
    print(fib4(50))
```

請注意，即使費氏數列函式的主體和 fib2() 裡的相同，我們還是可以馬上計算 fib4(50)。@lru_cache 的 maxsize 屬性表示它所修飾的函式最多應該要快取儲存的呼叫次數，若設為 None 表示沒有限制。

1.1.5 簡單的費氏數列

除此之外，還有效能更好的選擇，也就是以老派的迭代作法來解決費氏數列。

程式 1.8 fib5.py

```
def fib5(n: int) -> int:
    if n == 0: return n  # 特殊情況
    last: int = 0  # 初始設定成 fib(0)
    next: int = 1  # 初始設定成 fib(1)
    for _ in range(1, n):
        last, next = next, last + next
    return next

if __name__ == "__main__":
    print(fib5(5))
    print(fib5(50))
```

WARNING fib5() 裡的 for 迴圈主體使用了多元組這種或許有點過於巧妙的方式來還原；有些人可能覺得這犧牲了簡潔的可讀性，另外有些人則可能發現簡潔本身更具可讀性。重點是將 last 設成 next 之前的值，並且將 last 之前的值和 next 之前的值相加後指定給 next。這樣可以避免在 last 更新之後、next 更新之前建立暫時的變數來保存 next 的舊值。在 Python 應用多元組還原於某些類型的變數交換，是很常見的作法。

利用這種方法，for 迴圈的主體最多將執行 n - 1 次；也就是說，這仍然是效率最高的版本。比較執行 19 次 for 迴圈主體和 21,891 次 fib2() 遞迴呼叫的第 20 個費氏數列的數值，可能會對實際的應用程式產生重大影響！

在遞迴解決方式由後往前算，在迭代解決方式則是由前往後。有時候遞迴是解決問題最直覺的作法。舉例來說，fib1() 和 fib2() 的內容幾乎就是原始費氏數列公式的無意識機械翻譯。然而，天真幼稚的遞迴解決方式也可能帶來明顯的效能成本。請記住，任何能以遞迴解決的問題，都能以迭代解決。

1.1.6 以產生器產生費氏數列

截至目前，我們編寫了能產生費氏數列單一數值的函式，但如果我們想要產生直到某個數值的整組數列呢？其實使用 yield 陳述式就很容易將 fib5() 轉換成 Python 產生器。當產生器迭代時，每次迭代都將使用 yield 陳述式從費氏數列吐出 1 個值。

程式 1.9 fib6.py

```
from typing import Generator

def fib6(n: int) -> Generator[int, None, None]:
    yield 0  # 特殊情況
    if n > 0: yield 1  # 特殊情況
    last: int = 0  # 初始設定成 fib(0)
    next: int = 1  # 初始設定成 fib(1)
    for _ in range(1, n):
        last, next = next, last + next
        yield next  # 主要產生步驟

if __name__ == "__main__":
    for i in fib6(50):
        print(i)
```

如果執行 fib6.py，就會看到 51 個印出來的費氏數列的值。每次 `for` 迴圈迭代的 `for i in fib6(50):`，`fib6()` 會透過 `yield` 陳述式執行。如果到了函式盡頭而且也沒有 `yield` 陳述式了，迴圈就會結束迭代。

1.2 微不足道的壓縮

節省空間（虛擬或真實）通常很重要。使用更少的空間會更有效率，而且還可以省錢。如果你租的房子大於物品和人員的需要，就可以「縮小」到較便宜的小地方。如果伺服器所儲存的資料是按照位元組的多寡付費，你可能會想壓縮那些資料來減少儲存成本。**壓縮**是取得資料並加以編碼（改變其形式）的動作，這樣的方式可以讓資料佔用較少的空間。**解壓縮**則是反向的過程，將資料還原成原本的形式。

如果壓縮資料能有更高的儲存效率，那為何不壓縮所有的資料？因為要在時間和空間之間折衷。壓縮資料以及將它解壓縮回原本的形式需要時間。因此，資料壓縮唯一有意義的情況是優先考量資料縮小，而非加快執行。想想透過網際網路傳送的大型檔案，壓縮它們是有意義的，因為傳送檔案所花的時間比收到檔案然後解壓縮的時間還要久。此外，為了在原本的伺服器儲存而壓縮檔案所花的時間只僅需要考慮一次。

當你意識到資料儲存類型使用的位元，比嚴格要求的內容更多的時候，最簡單的資料壓縮就會出現。例如，想想低階的情況，如果將永遠不會超過 65,535 的無號整數儲存成 64 位元無號整數，就會導致儲存效率不佳。如果改成 16 位元無號整數來儲存，實際的空間消耗就能減少 75%。倘若有數百萬這樣的儲存效率不佳的數字，浪費的空間可能高達數百萬位元組（megabytes）。

有時為了簡單起見（當然這是正當的目標），Python 開發人員可以不用思考太多細節。Python 沒有 64 位元無號整數型別，也沒有 16 位元無號整數型別，只有 1 種可以儲存任意精確度的 `int` 型別；而函式 `sys.getsizeof()` 則有助你找出你的 Python 專案消耗了多少記憶體位元組。但因為 Python 物件系統本來就有固定負荷，所以無法在 Python 3.7 建立佔用不到 28 個位元組（224 個位元）的 `int`。單一個 `int` 可以一次擴展 1 個位元（就如我們即將在這個範例所示範的），但最少會耗用 28 個位元組。

> **NOTE** 如果對二進位有點生疏，請回想一下，位元就是非 1 即 0 的單一值，然後再以一連串基底為 2 的 0、1 數列來表示數值。對這一節的目的而言，你不需要執行任何基底為 2 的數學運算，但需要瞭解儲存型別的位元數量決定了它可以表示多少不同的值。舉例來說，1 個位元可以表示 2 個值（0 或 1），2 個位元可以表示 4 個值（00、01、10、11），3 個位元可以表示 8 個值，依此類推。

如果型別打算用型別表示的不同數值的數量，小於用來儲存它能表示的位元的數值數量，很可能就可以更有效率的儲存。我們以 DNA[2] 裡形成基因的核苷酸為例：每個核苷酸只能是 A、C、G、T 等 4 個值的其中一個（第 2 章將會有更多相關內容），但若將基因儲存成 `str`（可以想成是 Unicode 字元集合），每個核苷酸將會由一個字元表示，這通常需要 8 個位元的儲存空間。若以二進制儲存這 4 種可能的值，則只需要 2 個位元來儲存，也就是以 00、01、10、11 來表示這 4 個不同的值，並且以 2 個位元來儲存。如果將 00 指定成 A、01 指定成 C、10 指定成 G、11 指定成 T，核苷酸字串所需要的儲存空間就可以減少 75%（每個核苷酸從 8 個位元降到 2 個位元）。

---

2 這個範例的靈感來自 Robert Sedgewick 和 Kevin Wayne 著作的《*Algorithms*》第 4 版（Addison-Wesley Professional, 2011）的第 819 頁。

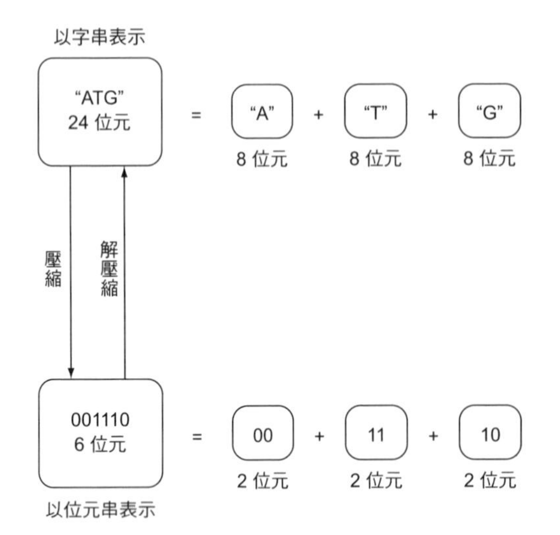

圖 1.5 將表示 1 個基因的 str 壓縮成每個核苷酸 2 位元的位元串。

也就是不將核苷酸儲存成為 str，而是儲存成**位元串**（如圖 1.5）。位元串就如同它聽起來的樣子：諸多 1 和 0 的任意長度數列。但偏偏 Python 標準程式庫並不包含處理任意長度位元串的現成構造。以下的程式碼會將諸多 A、C、G、T 組成的 str 轉換成位元串，然後再轉換回來。這個位元串儲存在 int 裡。因為 Python 的 int 型別可以是任何長度，也可以當作任何長度的位元串來用。為了要轉換回 str，我們將會實作 Python 的 __str__() 特殊方法。

程式 1.10 trivial_compression.py

```
class CompressedGene:
    def __init__(self, gene: str) -> None:
        self._compress(gene)
```

CompressedGene 提供了基因裡表示核苷酸的 str 字元，而它內部儲存了核苷酸序列作為位元串。__init__() 方法的主要工作是以適當的資料初始位元串構造。__init__() 呼叫 _compress() 執行將提供的核苷酸 str 實際轉換成位元串的苦差事。

請注意，雖然 _compress() 的開頭是底線，但是 Python 實際上並沒有私用方法或變數的概念（所有變數和方法皆可透過反射加以存取，沒有嚴格的隱私強制）。開頭的底線只是約定俗成的用法，表示參與者不應依賴類別外部的方法實作（它可能會改變，應該視為私用）。

TIP 如果你所執行的程式類別裡的方法或實體變數的名稱是以 2 個底線開頭，Python 將會「改變它的名稱」，略施小計來改變它的實作名稱，並且不讓其他類別很容易就發現。我們在這本書使用 1 條底線來表示「私用」的變數或方法，但如果你真的想要強調某些部分的確是私用，或許就希望使用 2 條底線。更多關於 Python 命名的資訊，請查閱 PEP 8 裡的 "Descriptive Naming Styles"：http://mng.bz/NA52。

接著，我們來看看實際上要如何執行上述的壓縮。

程式 1.11 trivial_compression.py 承上

```
def _compress(self, gene: str) -> None:
    self.bit_string: int = 1  # 以哨兵標記作為開端
    for nucleotide in gene.upper():
        self.bit_string <<= 2  # 往左位移 2 位元
        if nucleotide == "A":  # 將最後 2 位元改成 00
            self.bit_string |= 0b00
        elif nucleotide == "C":  # 將最後 2 位元改成 01
            self.bit_string |= 0b01
        elif nucleotide == "G":  # 將最後 2 位元改成 10
            self.bit_string |= 0b10
        elif nucleotide == "T":  # 將最後 2 位元改成 11
            self.bit_string |= 0b11
        else:
            raise ValueError("Invalid Nucleotide:{}".format(nucleotide))
```

_compress() 方法相繼查看核苷酸 str 裡的每個字元。當它看到 A，就將 00 加到位元串，當它看到 C，就加入 01，依此類推。請記住，每個核苷酸需要 2 個位元。因此當我們加入每個新的核苷酸之前，要將位元串向左移 2 個位元（self.bit_string <<= 2）。

每個核苷酸都是利用「或」運算（|）加入，而在左移之後，會在位元串的右側加入 2 個 0。若以任何其他值與 0 進行 "ORing"（例如 self.bit_string |= 0b10）位元運算，會導致另一個值替換掉 0。也就是說，我們不斷加入 2 個新的位元到位元串右側，這 2 個新加位元是由核苷酸的類型所決定。

最後，我們將會實作解壓縮和使用它的特殊 __str__() 方法。

程式 1.12 trivial_compression.py 承上

```
def decompress(self) -> str:
    gene: str = ""
    for i in range(0, self.bit_string.bit_length() - 1, 2):
     # - 1 to exclude sentinel
        bits: int = self.bit_string >> i & 0b11
         # get just 2 relevant bits
        if bits == 0b00:  # A
            gene += "A"
        elif bits == 0b01:  # C
            gene += "C"
        elif bits == 0b10:  # G
            gene += "G"
        elif bits == 0b11:  # T
            gene += "T"
        else:
            raise ValueError("Invalid bits:{}".format(bits))
    return gene[::-1]  # [::-1] reverses string by slicing backward
def __str__(self) -> str:  # string representation for pretty printing
    return self.decompress()
```

decompress() 每一次會從位元串讀取 2 個位元，並且使用這 2 個位元來決定要將哪個字元加到表示基因的 str 的結尾。因為是往後讀取位元，所以相較於壓縮它們的順序（是從右到左而非從左到右），str 最終會相反（使用切片記法來反轉 [::-1]）。最後請注意便利的 int 方法 bit_length() 是如何有助於 decompress() 的開發。讓我們來試試。

程式 1.13 trivial_compression.py 承上

```
if __name__ == "__main__":
    from sys import getsizeof
    original: str =
     "TAGGGATTAACCGTTATATATATATAGCCATGGATCGATTATATAGGGATTAACCGTTATATATA
     TATAGC CATGGATCGATTATA" * 100
```

```
print("original is {} bytes".format(getsizeof(original)))
compressed: CompressedGene = CompressedGene(original)  # 壓縮
print("compressed is {} bytes".format(getsizeof(
 compressed.bit_string)))
print(compressed)  # 解壓縮
print( "original and decompressed are the same: {}" .format(
 original == compressed.decompress()))
```

使用 sys.getsizeof() 方法，我們可以在輸出表明是否真的透過這項壓縮方案節省了幾乎 75%的基因儲存記憶體成本。

程式 1.14 trivial_compression.py 輸出

```
original is 8649 bytes
compressed is 2320 bytes
TAGGGATTAACC...
original and decompressed are the same: True
```

NOTE 我們在 CompressedGene 類別裡大量使用 if 陳述式在壓縮和解壓縮方法的一系列情況之間做出決定。因為 Python 沒有 switch 陳述式，所以這有點特別。有時你也會在 Python 看到高度依賴字典代替大量的 if 陳述式來處理整組需要判斷的情況。例如，我們可以想像一下查找每個核苷酸各自位元的字典，雖然有時候這可以更具可讀性，但隨之而來的卻可能是效能成本。即使字典查找就技術而言就是 O(1)，但執行雜湊函式的成本有時候意味著字典的效能比一連串的 if 還低。是否真的如此將取決於特定程式的 if 陳述式所需估算的內容來決定。如果你需要在程式碼關鍵部分的 if 和字典查找兩者之間有所抉擇，可能會想對這兩種方法執行效能測試。

1.3 無法破解的加密

單次密碼本（one-time pad，OTP）加密法是一種資料加密的方式，作法是將欲加密的資料與無意義且隨機虛設的資料加以組合，如此一來就一定要同時存取加密結果和虛設的資料，才能重構原本的資料。本質上，這允許加密器具有金鑰對，一把金鑰是加密結果，另一把是隨機虛設的資料。一把金鑰本身並沒有作用，唯有這兩把金鑰的組合才能解開原始資料。如果正確執行，單次密碼本加密法是一種無法破解的加密形式。圖 1.6 展示了整個過程。

1.3.1 依序取得資料

我們將在此例使用單次密碼本加密法加密 str。Python 3 str 可以想成 UTF-8 位元組序列（以 UTF-8 作為 Unicode 字元編碼）：str 可以透過 encode() 方法轉換成 UTF-8 位元組序列（表示成 bytes 型別）；同樣地，在 bytes 型別使用 decode() 方法可以將 UTF-8 位元組序列轉換回 str。

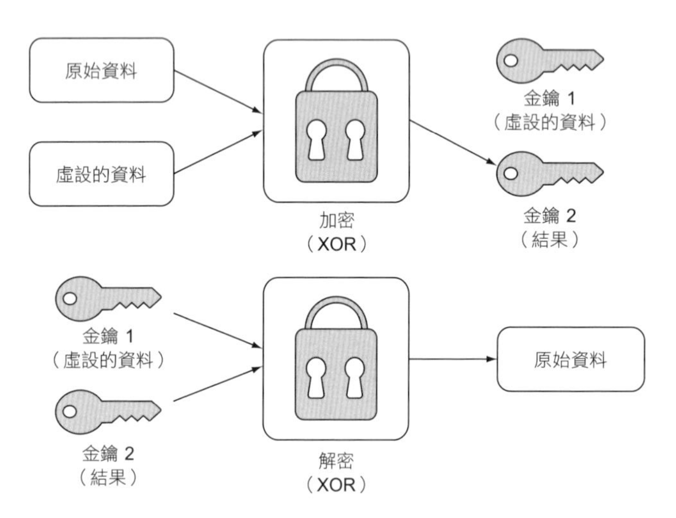

圖 1.6 單次密碼本加密法得到兩把可以分開的金鑰，然後再結合即可重新建立原始的資料。

用在單次密碼本加密裡的虛擬資料必須滿足 3 項標準才能使最終結果無法破解。虛擬資料必須和原始資料的長度相同，而且也必須真正隨機、真正保密。第 1 和第 3 項標準是常識。如果虛擬資料因為太短而重複，可能就會出現足以觀察到的模式。如果其中一把金鑰不是真正保密（可能在其他地方重複使用或部分洩露），那麼攻擊者便有跡可尋。第 2 項標準則顯露出這樣的問題：我們能產生真正隨機的資料嗎？大多數電腦的答案都是否定的。

我們將在這個例子使用 secrets 模組裡的偽隨機資料產生函數 token_bytes()（首次引入標準程式庫是在 Python 3.6）。我們的資料不會是真正隨機，因為 secrets 套件在幕後使用的依然是偽隨機數產生器，但它足以接近我們的目的。讓我們產生 1 把隨機金鑰當作虛擬資料來用。

程式 1.15 unbreakable_encryption.py

```
from secrets import token_bytes
from typing import Tuple

def random_key(length: int) -> int:
    # 產生長度隨機位元組
    tb: bytes = token_bytes(length)
    # 將那些位元組轉換成位元字串並傳回
    return int.from_bytes(tb, "big")
```

這個函式會建立 1 個 `int`，其中填入了數量為 `length` 的隨機位元組，而 `int.from_bytes()` 方法則用來將 `bytes` 轉換成 `int`。如何將數個位元組轉換成單一整數呢？答案就在 1.2 節；你已經在那一節學到 `int` 型別可以是任意長度，而且也看到如何將它當作一般的位元串來用。這裡也以相同方式使用 `int`。舉例來說，`from_bytes()` 方法會取 7 個位元組（7 個位元組 * 8 位元 = 56 位元），並且將它們轉換成 56-bit 整數。為什麼這很有用？因為如果要執行位元運算，在單一 `int` 執行會比在序列裡諸多個別的位元組執行要更容易且效能也更好（讀取「長位元串」），再者我們也即將使用 XOR 位元運算。

1.3.2 加密和解密

如何合併虛擬資料和我們想要加密的原始資料？ XOR 運算即將為此提供服務。*XOR* 是一種邏輯位元運算（位元層級的運算），當其中一個運算元為真，會傳回 `true`；但若兩個運算元皆為真或兩者都不為真，則會傳回 `false`。你可能已經猜到 XOR 是 *exclusive or* 的縮寫。

在 Python，XOR 運算子是 `^`。若是二進位數值的位元運算，`0 ^ 1` 和 `1 ^ 0` 的 XOR 運算會傳回 `1`，但 `0 ^ 0` 和 `1 ^ 1` 會傳回 `0`。如果使用 XOR 合併兩個值的位元，最實用的特性是運算結果可以和任一運算元重新合併而產生另一個運算元：

```
A ^ B = C
C ^ B = A
C ^ A = B
```

此一關鍵的洞察力構成了單次密碼本加密的基礎。為了具體產生我們的結果，我們將簡單的對原始的 str 裡表示位元組的 int，與相同位元長度的隨機產生的 int（由 random_key() 產生）進行 XOR 運算。我們傳回的金鑰對將會是虛擬資料和結果。

程式 1.16 unbreakable_encryption.py 承上

```
def encrypt(original: str) -> Tuple[int, int]:
    original_bytes: bytes = original.encode()
    dummy: int = random_key(len(original_bytes))
    original_key: int = int.from_bytes(original_bytes, "big")
    encrypted: int = original_key ^ dummy  # XOR
    return dummy, encrypted
```

NOTE 有兩個引數傳入了 int.from_bytes()：第 1 個是我們想要轉換成 int 的 bytes，第 2 個是這些位元組的**位元組序**（*endianness*），也就是「big」。位元組序是指用在儲存資料的位元組順序。最高有效位元組和最低有效位元組，誰該排在前面？在我們的例子，只要在加密和解密的時候都使用相同的順序，這就不是問題，因為實際上我們只是在個別的位元層級操作資料。若是其他情況，如果不控制編碼過程的兩端，順序就非常重要，所以請務必留意！

解密只是重新組合我們以 encrypt() 產生的金鑰對，藉著對兩把金鑰的每個位元進行 XOR 運算，就可以再次完成這項工作。最終的結果必須轉回 str。首先要以 int.to_bytes() 將 int 轉換成 bytes，而這個方法需要從 int 轉換的位元組數量。為了得到這個數值，我們將位元長度除以 8（1 個位元組裡的位元數）。最後，bytes 的方法 decode() 回給了我們 str。

程式 1.17 unbreakable_encryption.py 承上

```
def decrypt(key1: int, key2: int) -> str:
    decrypted: int = key1 ^ key2  # XOR
    temp: bytes = decrypted.to_bytes((decrypted.bit_length()+ 7) // 8,
     "big")
    return temp.decode()
```

使用整數除法（//）除以 8 之前，必須在解密資料的長度加 7，才能確保「進位」，以避免差一錯誤。如果我們的單次密碼本加密能確實運作，就應該能加密和解密相同的 Unicode 字串而不會有問題。

程式 1.18 unbreakable_encryption.py 承上

```
if __name__ == "__main__":
    key1, key2 = encrypt("One Time Pad!")
    result: str = decrypt(key1, key2)
    print(result)
```

如果你的主控台出現的是 "One Time Pad!"，就表示一切都正常運作。

1.4 計算 pi

許多公式可以導出數學重要的數值 pi（π 或 3.14159…），其中最簡單的就是萊布尼茲公式，它假設以下無窮級數的收斂等於 pi：

```
π = 4/1 - 4/3 + 4/5 - 4/7 + 4/9 - 4/11...
```

您會注意到無窮級數的分母加 2 的同時，其分子皆保持為 4，而且整個運算在加、減之間輪流交替。

我們能以直覺的方式來建立這個級數，也就是將公式的每個部分轉換成函式裡的變數。分子可以是常數 4，分母可以是從 1 開始而且遞增 2 的變數。根據我們做的是加法還是減法，這個運算可以表示成 -1 或 1。最後，當 for 迴圈運作時，程式 1.19 會使用變數 pi 來收集級數的和。

程式 1.19 calculating_pi.py

```
def calculate_pi(n_terms: int) -> float:
    numerator: float = 4.0
    denominator: float = 1.0
    operation: float = 1.0
    pi: float = 0.0
    for _ in range(n_terms):
        pi += operation * (numerator / denominator)
        denominator += 2.0
        operation *= -1.0
    return pi

if __name__ == "__main__":
    print(calculate_pi(1000000))
```

TIP 在大多數的平台，Python 的 floats 是 64 位元浮點數值（也就是 C 語言的 double）。

這個函式說明了在建立或模擬有趣的概念時，公式和程式碼之間的機械式轉換如何能簡單又有效。機械式轉換是有用的工具，但我們必須記住，它不一定是最有效率的解決方案。當然，pi 的萊布尼茲公式可以用更有效率或更精巧的程式碼來實作。

NOTE 無窮級數裡的項越多（也就是呼叫 `calculate_pi()` 時 `n_terms` 的值越大），最終計算的 pi 就越精準。

1.5 河內塔

這裡有 3 根木樁（以下稱為「塔」）垂直聳立，我們將它們標示為 A、B、C。接著將諸多環形圓盤置入塔 A，並且讓最寬的環形圓盤位於底部，這個圓盤稱為 disk 1。堆疊在 disk 1 之上的其餘圓盤也標示了遞增的數值，而且寬度越來越窄。例如，假設我們要操作 3 張圓盤，最寬的圓盤、底部的那張，會是 disk 1。次寬的環形圓盤，也就是 disk 2，將位在 disk 1 之上。最後，最窄的圓盤，也就是 disk 3，將位在 disk 2 之上。而我們的目標是將所有圓盤從塔 A 移到塔 C，但有以下限制：

- 一次只能移動 1 個圓盤。
- 只能移動任何塔最上面的圓盤。
- 寬圓盤的位置絕不能在窄圓盤之上。

圖 1.7 概述了這整個問題。

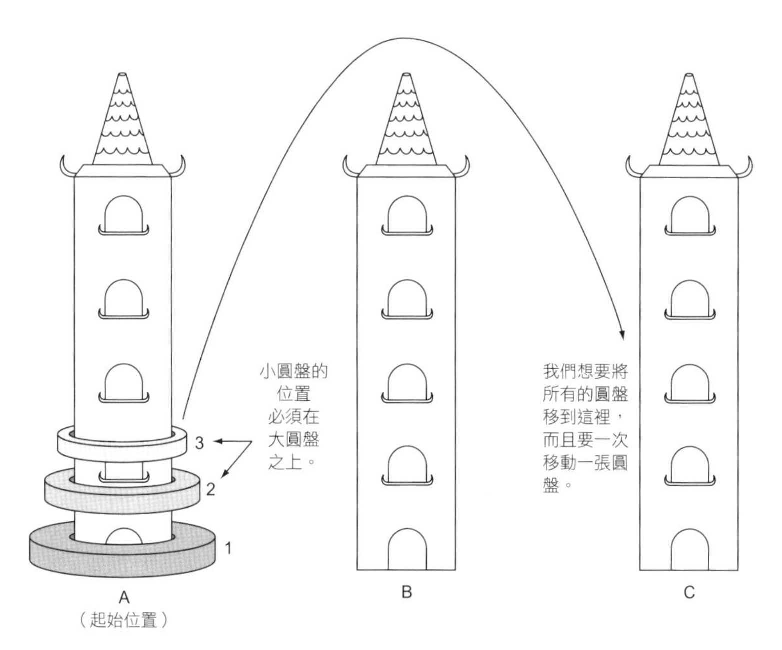

圖 1.7　這項挑戰是從塔 A 移動 3 張圓盤到塔 C，但是一次只能移動一張，而且大圓盤的位置絕不能在小圓盤之上。

1.5.1 建塔

堆疊是以後進先出（LIFO）為概念的資料結構：最後放進去會最先取出來。堆疊最基本的兩項操作是推入和提出。**推入**會將新項目放入堆疊，然而**提出**則會將放入的最後一項移出並傳回。利用 `list` 作為背後儲存處所，即可在 Python 輕鬆建立堆疊。

程式 1.20　hanoi.py

```
from typing import TypeVar, Generic, List
T = TypeVar('T')

class Stack(Generic[T]):

    def __init__(self) -> None:
        self._container: List[T] = []

    def push(self, item: T) -> None:
        self._container.append(item)
```

```
    def pop(self) -> T:
        return self._container.pop()

    def __repr__(self) -> str:
        return repr(self._container)
```

NOTE 這個 Stack 類別實作了 `__repr__()`，如此一來我們就能輕鬆的瀏覽塔裡的內容。當 Stack 使用了 `print()`，就會輸出 `__repr__()`。

NOTE 就如前言所述，這本書從頭到尾都使用了型別提示。從型別模組匯入的 `Generic` 讓 `Stack` 可在型別提示中表示成通用型別而非特定的型別。任意型別 `T` 定義在 `T = TypeVar('T')` 裡面。`T` 可以是任何型別。當型別提示稍後用在 `Stack` 來解決河內塔問題時，它的型別提示為型別 `Stack[int]`，這意味著 `T` 填入了型別 `int`。也就是說，這個堆疊是整數堆疊。如果你正與型別提示奮鬥，請查閱附錄 C。

堆疊是河內塔塔樓（前面的說法是「木樁」）的完美替身。當我們想把圓盤放到塔上，我們可以推入它。當我們想將圓盤從某個塔移到另一個塔，我們可以從第一個塔提出圓盤，再將圓盤推入第二個塔。

讓我們將塔定義成 `Stack`，並將圓盤放進第一個塔。

程式 1.21 hanoi.py 承上

```
num_discs: int = 3
tower_a: Stack[int] = Stack()
tower_b: Stack[int] = Stack()
tower_c: Stack[int] = Stack()
for i in range(1, num_discs + 1):
    tower_a.push(i)
```

1.5.2 解答

要怎麼解決河內塔？先想像我們僅試著移動 1 張圓盤；我們應該知道這該怎麼做，對吧？實際上，移動 1 張圓盤是我們利用遞迴解決河內塔的基本情況。遞迴情況要移動超過 1 張圓盤，因此重要的觀點是基本上我們有兩種需要整理的情況：移動 1 張圓盤（基本情況）和移動 1 張以上的圓盤（遞迴情況）。

讓我們透過具體的例子來瞭解遞迴情況（recursive case）。假設我們在塔 A 有三張圓盤（上、中、底），並且想要移到塔 C（如果你能跟著複誦，可能有助於描述出問題）。我們可以先將上面的圓盤移到塔 C，然後可以將中間的圓盤移到塔 B，接著可以將上面的圓盤從塔 C 移到塔 B。現在我們底下的圓盤還在塔 A，而上、中的兩張圓盤則在塔 B。基本上，現在我們已經成功從塔 A 移動兩張圓盤到塔 B。將底部圓盤從 A 移到 C 是我們的基本情況（移動單張圓盤）。現在我們可以依照從 A 到 B 的相同過程，將兩張上、中的圓盤從 B 移到 C。我們將上面的圓盤移到 A，將中間圓盤移到 C，並且在最後上面的圓盤從 A 移到 C。

> **TIP** 在電腦科學的課堂裡，還很常見以木釘和塑膠甜甜圈打造的小塔模型。你可以利用 3 支鉛筆和 3 張紙來製作自己的模型，這有助於你將解決方案視覺化。

在我們的 3 圓盤並暫時使用第 3 座塔的範例裡，除了有個簡單的移動單一圓盤的基本情況，還有移動其他所有圓盤（在這種情況是兩張）的遞迴情況。我們可以將遞迴情況分成 3 個步驟：

1. 以塔 C 作為中繼，將塔 A 上面 n-1 張圓盤移到塔 B（暫時塔）。
2. 將塔 A 最低的 1 張圓盤移到塔 C。
3. 以塔 A 作為中繼，將塔 B 的 n-1 張圓盤移到塔 C。

讓人驚奇的是，這種遞迴演算法不只能用在 3 張圓盤，也能用在任何數量的圓盤。我們將它編寫成名為 `hanoi()` 的函式，只要指定第 3 座暫時塔，這個函式可負責將圓盤從某座塔移到另一座塔。

程式 1.22 hanoi.py 承上

```
def hanoi(begin: Stack[int], end: Stack[int], temp: Stack[int], n: int)
     -> None:
    if n == 1:
        end.push(begin.pop())
    else:
        hanoi(begin, temp, end, n - 1)
        hanoi(begin, end, temp, 1)
        hanoi(temp, end, begin, n - 1)
```

呼叫 hanoi() 之後，你應該檢視塔 A、B、C，確認這些圓盤皆已以成功移動。

程式 1.23 hanoi.py 承上

```
if __name__ == "__main__":
    hanoi(tower_a, tower_c, tower_b, num_discs)
    print(tower_a)
    print(tower_b)
    print(tower_c)
```

你會發現它們已經移動到正確的位置。在編寫河內塔的解決方案時，我們不一定需要瞭解從塔 A 將數張圓盤移到塔 C 所需的每一步驟，但是我們瞭解了這個可以移動任何數量圓盤的通用遞迴演算法，接著我們加以整理，讓電腦完成剩下的工作。這就是針對問題制定遞迴解決方案的能力：我們經常能以抽象方式思考解決方案，而不需要花費心力克服每一項的個別行為。

附帶一提，hanoi() 函式將會以圓盤數量的指數次數來執行函式，這會讓就算有 64 張圓盤也難以解決。你可以藉著修改 num_discs 變數來嘗試不同數量的圓盤。隨著圓盤數量增加，所需的步驟數量也呈現指數成長，這就是河內塔的傳說所在。各式各樣的資料來源都能讓你獲得更多資訊，如果你還有興趣瞭解遞迴解決方案背後的數學細節，可以查閱 Carl Burch 的說明「About the Towers of Hanoi」http://mng.bz/c1i2。

1.6 現實世界的應用

本章介紹過的各種技巧（遞迴、備忘法、壓縮、位元層級的操作）在現代軟體開發非常常見，如果沒有這些技巧，運算世界簡直就不可能存在了。雖然不使用這些技巧也可以解決問題，但這些技巧往往可以更合乎邏輯或能更快解決問題。

尤其遞迴不只是許多演算法的核心，還甚至是整個程式語言的核心。在諸如 Scheme 和 Haskell 之類的函數式程式語言，遞迴取代了命令式語言使用的迴圈。但值得記住的是，能以遞迴技巧完成的任何事情，也能以迭代技巧完成。

備忘法已經成功的讓解析器（直譯語言的程式）加速運作；如果是最近計算過的結果，卻很可能還要再次獲得的各種問題，備忘法都能提供幫助。備忘法的另一種應用是在語言的執行階段。某些語言的執行階段（例如 Prolog 的版本）將會自動儲存函式呼叫的結果（**自動備忘**），所以此函式在下一次相同呼叫發生時，就不需要執行。這與 `fib6()` 裡的 `@lru_cache()` 修飾器的運作方式類似。

壓縮已經放寬了網路互連的世界的頻寬限制。1.2 節討論過的位元串技巧就能用在現實世界某些可能的數值且數量受限的簡單資料類型（也就是甚至 1 個位元組都屬過度的情況）。然而，大多數壓縮演算法的運算方式，是從眾多資料裡找出允許剔除的重複資訊的模式或結構，而這樣的作法遠比 1.2 節所涵蓋的內容複雜。

單次密碼本加密並非實用的通用型加密方式，這種加密法要求加密器和解密器兩者都必須擁有其中 1 把金鑰（也就是例中的虛擬資料），原始資料才能重建，但這讓加解密變得難以處理，而且違反了大多數加密架構的目標（保持金鑰私密）。不過你可能有興趣知道單次密碼本的原文「one-time pad」這個名稱的由來，是因為間諜在冷戰時期使用真實紙張筆記本寫下了虛擬資料進行加密通信。

這些技巧是程式設計的基石，其他的演算法是建構在這些基石之上。你會在往後的章節看見大量應用這些技巧。

1.7 練習

1. 利用你自己設計的技巧，編寫另一個解決費氏數列元素 n 的函數。編寫單元測試，估算前述函式相對於本章其他版本的正確性和效能。

2. 你已經知道 Python 簡單的 int 型別如何表示位元串。請以 int 編寫方便實用且通常可以用作位元序列的泛型包裝函式（使其迭代的方式運作，並實作 __getitem__()）。再以這個包裝函式重新實作 CompressedGene。

3. 編寫能處理任何圓盤數量的河內塔解決方案。

4. 使用「單次加密本」來加密並解密圖形。

搜尋的問題

「搜尋」是個如此廣泛的術語，因此這本書或也可以稱為《*使用 Python 解決經典搜尋問題*》。本章與每位程式設計師都應該知道的核心搜尋演算法有關。雖然本章標題如此宣告，但其實並未聲稱全面涵蓋所有搜尋的一切。

2.1 DNA 搜尋

基因在電腦軟體裡通常表示成字元 *A*、*C*、*G*、*T*。每個字母代表 1 個**核苷酸**，而 3 個核苷酸的組合稱為**密碼子**，如圖 2.1 所示。特定氨基酸的密碼子與其他氨基酸一起編碼即可形成**蛋白質**。生物資訊學軟體裡的典型任務是在基因裡找到特定的密碼子。

2.1.1 儲存 DNA

我們可以用簡單的 `IntEnum` 再加上 4 個字母來表示核苷酸。

程式 2.1 dna_search.py

```
from enum import IntEnum
from typing import Tuple, List

Nucleotide: IntEnum = IntEnum('Nucleotide', ('A', 'C', 'G', 'T'))
```

Nucleotide 是 IntEnum 型別而不只是 Enum 型別，因為 IntEnum「免費」提供了比較運算子（<、>= 等）。為了讓我們即將實作的搜尋演算法能夠針對資料型別進行運算，因此必須在資料型別使用這些運算子。從 typing 套件匯入 Tuple 和 List 是為了支援型別提示。

3 個 Nucleotide 的多元組可以定義密碼子（codon），而基因則可以定義成 Codon 串列。

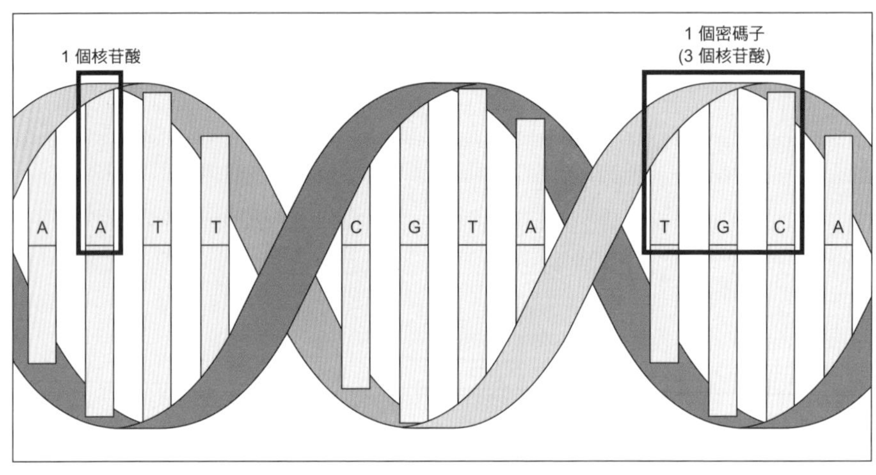

圖 2.1 核苷酸能以 *A*、*C*、*G*、*T* 其中一個字母表示，密碼子是由 3 個核苷酸組成，而基因是由數個密碼子組成。

程式 2.2 dna_search.py 承上

```
Codon = Tuple[Nucleotide, Nucleotide, Nucleotide]  # 密碼子的型別別名
Gene = List[Codon]  # 基因的型別別名
```

> **NOTE** 雖然我們稍後需要互相比較某些 Codon，但不需要為 Codon 定義一個明確實作 < 運算子的自訂類別。這是因為 Python 本身已經支援多元組之間的比較運算（這些多元組是由可比較的型別所組成）。

網際網路上的基因通常會採用檔案格式，格式裡包含表示基因序列裡所有核苷酸的巨大字串。我們將虛設 1 個假想的基因，並為它定義像這樣的巨大字串，且稱它為 gene_str。

程式 2.3 dna_search.py 承上

```
gene_str: str = "ACGTGGCTCTCTAACGTACGTACGTACGGGGTTTATATATACCCTAGGA
 CTCCCTTT"
```

我們也需要工具函式將 str 轉換成 Gene。

程式 2.4 dna_search.py 承上

```
def string_to_gene(s: str) -> Gene:
    gene: Gene = []
    for i in range(0, len(s),3):
        if (i + 2) >= len(s):  # 不要處理完！
            return gene
        # 從 3 個核苷酸初始密碼子
        codon: Codon = (Nucleotide[s[i]], Nucleotide[s[i + 1]],
     Nucleotide[s[i + 2]])
        gene.append(codon)  # 將密碼子加到基因
    return gene
```

string_to_gene() 不斷處理所提供的 str，並將其接下來的 3 個字元轉換成 Codon 並加到新 Gene 的結尾。如果它發現正在檢查的 s 的目前位置，在隨後會有兩處沒有 Nucleotide（請參閱迴圈裡的 if 陳述式），那麼它會知道已經到了未完成基因的結尾，並且會跳過最後 1 或 2 個核苷酸。

string_to_gene() 可以用來將 str gene_str 轉換成 Gene。

程式 2.5 dna_search.py 承上

```
my_gene: Gene = string_to_gene(gene_str)
```

2.1.2 線性搜尋

我們可能想對基因執行的基本操作就是搜尋其中的特定密碼子，這項操作的目的是單純的找出密碼子是否存在基因內。

線性搜尋會依照原始資料結構的順序處理搜尋空間裡的每個元素，直到找到所尋找的內容或到達資料結構末尾。實際上，線性搜尋是最簡單、最自然、最直覺的找出某些東西的方式。如果是最壞的情況，線性搜尋將需要處理資料結構裡的每個元素，因此它的複雜程度是 $O(n)$，這裡的 n 是結構裡的元素數量；請參閱圖 2.2 的描述。

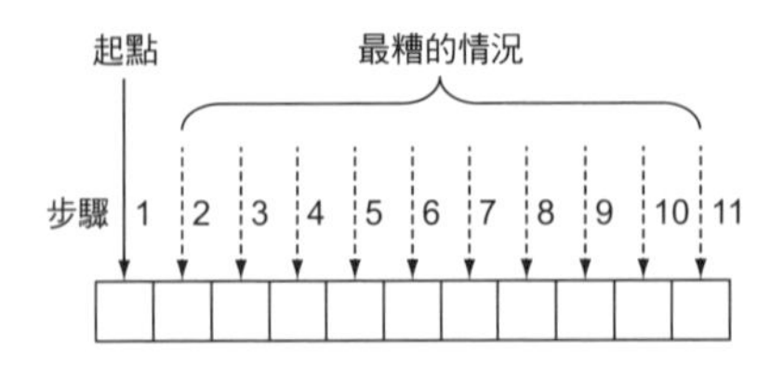

圖 2.2 若是搜尋最糟的情況，你要逐一查看陣列裡的每個元素。

定義能執行線性搜尋的函式是件再簡單不過的工作，這只需要處理資料結構裡的每個元素，並檢查它與所尋找的項目相不相等。以下的程式碼為 Gene 和 Codon 定義了像這樣的函式，然後試著用 my_gene 尋找有沒有包含 acg 和 gat 這兩種 Codon。

程式 2.6 dna_search.py 承上

```
def linear_contains(gene: Gene, key_codon: Codon) -> bool:
    for codon in gene:
        if codon == key_codon:
            return True
    return False
acg: Codon = (Nucleotide.A, Nucleotide.C, Nucleotide.G)
gat: Codon = (Nucleotide.G, Nucleotide.A, Nucleotide.T)
print(linear_contains(my_gene, acg))  # True
print(linear_contains(my_gene, gat))  # False
```

NOTE 這個函式僅用作說明目的。Python 內建的序列型別（list、tuple、range）都實作了 __contains__() 方法，這允許我們能簡單的使用 in 運算子來搜尋其中的特定項目。實際上，in 運算子能與任何實作了 __contains__() 的型別一起使用。例如，只要編寫 print(acg in my_gene) 就可以搜尋 my_gene 裡面的 acg 並印出結果。

2.1.3 二元搜尋

有一種比檢查每個元素更快的搜尋方式，但它需要我們提前知道某些資料結構的順序。如果我們知道那些結構已經排序過，而且我們能以它的索引立即存取其中的任何項目，就能執行二元搜尋。根據這項準則，排序過的 Python list 是二元搜尋的完美候選者。

二元搜尋的運作方式是查看已排序元素範圍裡的中間元素，比較這個中間元素和所搜尋的元素，再根據比較結果將範圍縮小一半，然後重新開始上述過程。讓我們看個具體的例子。

假設我們有個 list，它的內容是依照字母順序排序過的幾個英文單字：["cat", "dog", "kangaroo", "llama", "rabbit", "rat", "zebra"]，而我們正要搜尋單字“rat”：

1 我們可以確定這個 7 字串列的中間元素是“llama”。

2 我們可以確定“rat”按字母順序排在“llama”之後，因此它必須以字母順序位在“llama”之後的一半串列裡（如果我們在這個步驟找到“rat”，即可傳回它的位置；如果我們發現要找的單字出現在正在檢查的中間單字之前，便能確信它是在“llama”之前的那一半串列裡）。

3 我們可以針對那一半串列重新執行步驟 1 和 2，因為我們知道“rat”可能還在那裡面。實際上，這一半變成我們新的基本串列。這些步驟要持續執行，一直到找到“rat”，或者一直到我們正在找尋的範圍裡不再包含任何要搜尋的元素，意即“rat”不在單字串列裡。

圖 2.3 說明了二元搜尋法。請注意，和線性搜尋不同的是，二元搜尋不會搜尋每個元素。

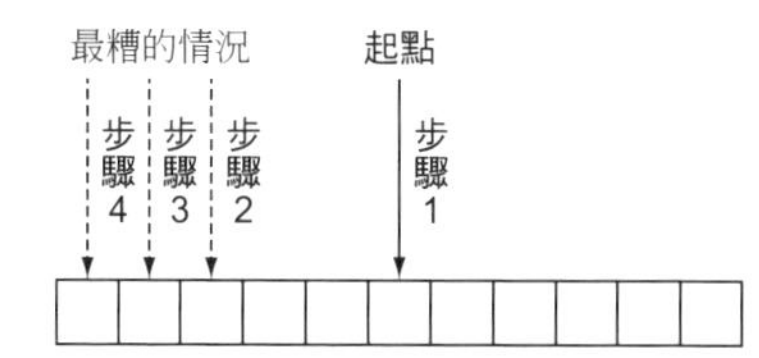

圖 2.3 二元搜尋最糟的情況是你要處理串列裡的 lg(*n*) 個元素。

二元搜尋不斷減少一半的搜尋空間，因此它最糟的執行狀況是 $O(\lg n)$。但這並不算太糟。和線性搜尋不同，二元搜尋需要排序過的資料結構才能完整的搜尋，而排序則需要時間。實際上，符合最佳的排序演算法的排序需花費的時間是 $O(n \lg n)$。如果我們只打算執行一次搜尋，而且原始資料結構並未排序，那麼直接執行線性搜尋可能較有意義。但若要執行數次搜尋，排序所花費的時間成本就值得了，因為能從每次個別搜尋大幅減少時間成本而獲益。

不論是針對基因和密碼子，抑或針對其他任何資料型別，編寫二元搜尋函式並無不同，因為 Codon 型別能與其他型別比較，而 Gene 型別就只是 list 而已。

程式 2.7 dna_search.py 承上

```
def binary_contains(gene: Gene, key_codon: Codon) -> bool:
    low: int = 0
    high: int = len(gene) - 1
    while low <= high:  # 這裡的 while 依然是搜尋空間
        mid: int = (low + high) // 2
        if gene[mid] < key_codon:
            low = mid + 1
        elif gene[mid] > key_codon:
            high = mid - 1
        else:
            return True
    return False
```

讓我們逐行說明這個函式。

```
low: int = 0
high: int = len(gene) - 1
```

我們從圍繞著這整個串列（基因）的範圍開始談起。

```
while low <= high:
```

只要還在搜尋範圍裡，我們就持續搜尋。當 low 大於 high,，就表示已經搜尋過整個串列。

```
mid: int = (low + high) // 2
```

我們以整數除法計算中間值 mid，這個簡單的平均值公式是你在小學就學過的。

```
if gene[mid] < key_codon:
    low = mid + 1
```

若欲搜尋的元素位於正在檢查的範圍的中間元素之後，我們就會修改即將在迴圈下一次迭代期間的檢查範圍，修改的方式是將 low 移到目前中間元素之後。這是我們將下一次迭代的範圍折半之處。

```
elif gene[mid] > key_codon:
    high = mid - 1
```

同樣地，當我們要搜尋的元素小於中間元素時，就要在另一個方向折半。

```
else:
    return True
```

如果討論中的元素不小於或大於中間元素，就表示我們找到它了！而且，如果迴圈執行完所有的迭代，我們當然就要傳回 False（這裡不再重複），代表從未發現它。

我們可以試著以相同的基因和密碼子執行這個函式，但必須記得要先排序。

程式 2.8 dna_search.py 承上

```
my_sorted_gene: Gene = sorted(my_gene)
print(binary_contains(my_sorted_gene, acg))  # True
print(binary_contains(my_sorted_gene, gat))  # False
```

> **TIP** 你可以使用 Python 標準程式庫的 bisect 模組來建置高效能的二元搜尋，細節請參考 https://docs.python.org/3/library/bisect.html。

2.1.4 泛型範例

函式 linear_contains() 和 binary_contains() 幾乎可以用來處理任何 Python 序列。以下的通用版本和你之前看到的版本幾乎完全相同，差別只是更改了一些名稱和型別提示。

> **NOTE** 以下列出的程式碼匯入了許多型別。我們將在本章裡的其他諸多通用的搜尋演算法重複使用檔案 generic_search.py，這樣就不用匯入了。

NOTE 繼續進行本書之前，你需要根據 Python 直譯器的組態設定，利用 pip install typing_extensions 或 pip3 install typing_extensions 來安裝 typing_extensions 模組。目前你需要這個模組來存取 Protocol 型別，但未來版本的 Python 標準庫將會納入這個型別（細節詳見 PEP 544）。因此，在未來版本的 Python 應該就不必匯入 typing_extensions 模組，而且你能使用的會是 from typing import Protocol 而不是 from typing_extensions import Protocol。

程式 2.9 generic_search.py

```
from __future__ import annotations
from typing import TypeVar, Iterable, Sequence, Generic, List, Callable,
     Set, Deque, Dict, Any, Optional
from typing_extensions import Protocol
from heapq import heappush, heappop

T = TypeVar('T')

def linear_contains(iterable: Iterable[T], key: T) -> bool:
    for item in iterable:
        if item == key:
            return True
    return False

C = TypeVar("C", bound="Comparable")

class Comparable(Protocol):
    def __eq__(self, other: Any) -> bool:
        ...
    def __lt__(self: C, other: C) -> bool:
        ...
    def __gt__(self: C, other: C) -> bool:
        return (not self < other) and self != other

    def __le__(self: C, other: C) -> bool:
        return self < other or self == other
    def __ge__(self: C, other: C) -> bool:
        return not self < other

def binary_contains(sequence: Sequence[C], key: C) -> bool:
    low: int = 0
    high: int = len(sequence) - 1
    while low <= high: # 這裡的 while 依然是搜尋空間
```

```
        mid: int = (low + high) // 2
        if sequence[mid] < key:
            low = mid + 1
        elif sequence[mid] > key:
            high = mid - 1
        else:
            return True
    return False

if __name__ == "__main__":
    print(linear_contains([1, 5, 15, 15, 15, 15, 20], 5))  # True
    print(binary_contains(["a", "d", "e", "f", "z"], "f"))  # True
    print(binary_contains(["john", "mark", "ronald", "sarah"],
     "sheila"))   # False
```

你現在可以試著搜尋其他型別的資料。任何 Python 集合幾乎都可以重複使用這些函式。這就是泛型程式碼寫法的威力所在。這個例子唯一不合宜的元素是必須以 Comparable 類別的形式，跳過 Python 型別提示的複雜枷鎖。Comparable 型別是實作比較運算子（<、>= 等等）的型別。未來版本的 Python 應該有更簡潔的方式來建立能實作這些常見運算子的型別的型別提示。

2.2 走出迷宮

找出穿過迷宮的路徑很類似電腦科學裡的諸多常見搜尋問題。那何不找出穿過迷宮的路徑來解說寬度優先搜尋、深度優先搜尋和 A* 演算法呢？

我們會將 Cell 二維方格當作迷宮；Cell 是值為 str 的列舉，其中以 " " 表示空白空格（可以通過），以 "X" 表示屏障（不能通過）。在顯示迷宮時還有其他當作說明目的的情況。

程式 2.10 maze.py

```
from enum import Enum
from typing import List, NamedTuple, Callable, Optional
import random
from math import sqrt
from generic_search import dfs, bfs, node_to_path, astar, Node

class Cell(str, Enum):
    EMPTY = " "
    BLOCKED = "X"
```

```
    START = "S"
    GOAL = "G"
    PATH = "*"
```

我們將再次從外部匯入大量的模組。要注意的是，最後一個（從 generic_search）匯入的是我們尚未定義的符號。這是為了方便才在這裡匯入，但你可以先將它加上註解符號，等到需要時再移除註解符號。

我們需要一個方法來參照迷宮裡個別的位置，但這只需要以其屬性表示相關位置的行和列的 NamedTuple 即可。

程式 2.11 maze.py 承上

```
class MazeLocation(NamedTuple):
    row: int
    column: int
```

2.2.1 產生隨機的迷宮

我們的 Maze 類別將會在內部追蹤表示其狀態的方格（串列的串列），它也包含了列數、行數、起始位置、目標位置的實體變數；我們會以屏障方格隨機填入某些方格裡。

產生的迷宮應該相當稀疏，以便幾乎一定有一條路徑能從指定的起始位置到指定的目標位置（畢竟這是為了測試我們的演算法）。我們將讓新迷宮的呼叫端決定確切的稀疏狀況，但也提供了屏障 20% 的預設值。如果亂數小於問題裡 sparseness 參數的閾值，我們只會簡單的用 1 個屏障來替換 1 個空白空格。如果我們對迷宮裡的每個可能之處都這麼做，就統計而言，整個迷宮的稀疏狀況會與所提供的 sparseness 參數相近。

程式 2.12 maze.py 承上

```
class Maze:
    def __init__(self, rows: int = 10, columns: int = 10, sparseness:
     float = 0.2, start: MazeLocation = MazeLocation(0, 0), goal:
     MazeLocation = MazeLocation(9, 9)) -> None:
        # 初始基本的實體變數
        self._rows: int = rows
        self._columns: int = columns
        self.start: MazeLocation = start
        self.goal: MazeLocation = goal
```

```
        # 以空 cell 填入方格
        self._grid: List[List[Cell]] = [[Cell.EMPTY for c in range(
         columns)]
     for r in range(rows)]
        # 以屏障的 cell 移入方格
        self._randomly_fill(rows, columns, sparseness)
        # 填入起始位置 START 和目標位置 GOAL
        self._grid[start.row][start.column] = Cell.START
        self._grid[goal.row][goal.column] = Cell.GOAL

    def _randomly_fill(self, rows: int, columns: int,
     sparseness: float):
        for row in range(rows):
            for column in range(columns):
                if random.uniform(0, 1.0) < sparseness:
                    self._grid[row][column] = Cell.BLOCKED
```

現在迷宮已經建好了，我們還需要有個能將迷宮簡潔的印到主控台的方法，並且希望它的字元能靠在一起，讓它看起來像個真正的迷宮。

程式 2.13 maze.py 承上

```
# 傳回格式精美的迷宮版本以供作列印
def __str__(self) -> str:
    output: str = ""
    for row in self._grid:
        output += "".join([c.value for c in row]) + "\n"
    return output
```

讓我們繼續測試迷宮的功能。

```
maze: Maze = Maze()
print(maze)
```

2.2.2 其他關於迷宮的細節

後續有個簡便的函式能在搜尋時檢查我們是否已經找到目標了；也就是說，我們想在完成搜尋時，檢查特定 MazeLocation 是不是我們的目標。為此我們可以在 Maze 加入 1 個方法。

程式 2.14 maze.py 承上

```
def goal_test(self, ml: MazeLocation) -> bool:
    return ml == self.goal
```

要如何在這個迷宮裡移動呢？我們假設可以在這個迷宮裡的特定空間一次水平和垂直的移動 1 個空格。使用這些標準的 successors() 函式可以從特定的 MazeLocation 找到可能的下一個位置，但是，每個 Maze 的 successors() 函式都不同，因為每個 Maze 的屏障數量都不同。因此，我們會將它定義成 Maze 的方法。

程式 2.15 maze.py 承上

```
def successors(self, ml: MazeLocation) -> List[MazeLocation]:
    locations: List[MazeLocation] = []
    if ml.row + 1 < self._rows and self._grid[ml.row + 1][ml.column] !=
     Cell.BLOCKED:
        locations.append(MazeLocation(ml.row + 1, ml.column))
    if ml.row - 1 >= 0 and self._grid[ml.row - 1][ml.column] !=
     Cell.BLOCKED:
        locations.append(MazeLocation(ml.row - 1, ml.column))
    if ml.column + 1 < self._columns and self._grid[ml.row][ml.column +
     1] != Cell.BLOCKED:
        locations.append(MazeLocation(ml.row, ml.column + 1))
    if ml.column - 1 >= 0 and self._grid[ml.row][ml.column - 1] !=
     Cell.BLOCKED:
        locations.append(MazeLocation(ml.row, ml.column - 1))
    return locations
```

successors() 只檢查 Maze 裡 MazeLocation 的上、下、右側、左側，看能不能找到可以從該處前往的空白空格。它除了能防止檢查 Maze 邊緣之外的位置，也會將它找到的每個可能的 MazeLocation 放入最終傳回呼叫端的串列。

2.2.3 深度優先搜尋

深度優先搜尋（DFS）就如其名所暗示：如果搜尋到了盡頭，在回溯到它上一個決策點之前，要盡可能的深入搜尋。我們將會實作一個通用的深度優先搜尋，它不僅能解決我們的迷宮問題，也可以在其他的問題重複使用。圖 2.4 說明了正在執行深度優先搜尋的迷宮。

堆疊

DFS 演算法依靠的資料結構稱為**堆疊**（如果你在第 1 章讀了有關堆疊的內容，便可逕自跳過本節而勿需擔心）。堆疊是一種以「後進先出」（LIFO）作為運作原則的資料結構。假設有一疊紙，放在這疊紙頂端的最上面一張紙，是從這疊紙取出的第一張紙。堆疊通常能以更為原始的資料結構（例如串列）作為實作的基礎，而我們即將以 Python 的 `list` 型別為基礎來實作堆疊。

堆疊通常至少有兩種運作：

- `push()`—將某筆項目放進堆疊的頂端，稱為「推入」
- `pop()`—傳回堆疊最頂端的項目然後移除那筆項目，稱為「提出」

這兩種運作我們都會實作，而且會再實作 `empty` 屬性來檢查堆疊裡還有沒有其他項目。我們會將此堆疊的程式碼加到本章前面所用的 generic_search.py 檔案裡，而在這個檔案，我們也已經完成了所有必要的匯入。

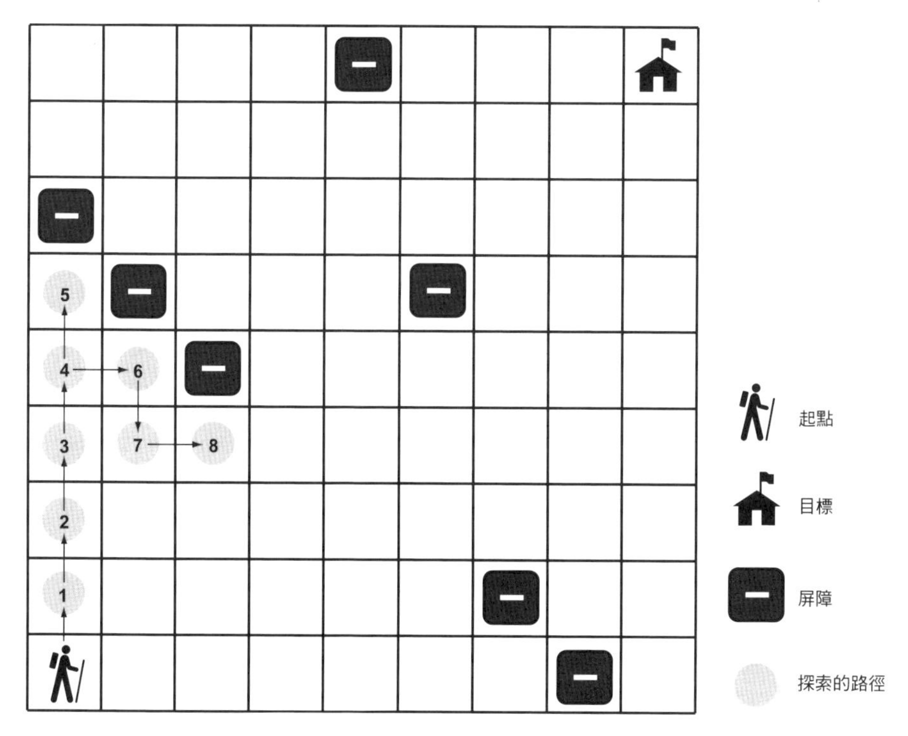

圖 2.4　深度優先搜尋（DFS）沿著更深的路徑前進，直到它遇到屏障而且必須回溯到上一個決策點。

程式 2.16 generic_search.py 承上

```
class Stack(Generic[T]):
    def __init__(self) -> None:
        self._container: List[T] = []

    @property
    def empty(self) -> bool:
        return not self._container  # 對空 container 而言，not 為 true

    def push(self, item: T) -> None:
        self._container.append(item)

    def pop(self) -> T:
        return self._container.pop()  # LIFO，後進先出

    def __repr__(self) -> str:
        return repr(self._container)
```

請注意，使用 Python 的 list 實作堆疊非常簡單，但請務必將項目附加到串列右側，並務必要從最右側刪除項目。如果串列裡不再有任何項目，list 的 pop() 方法將會失敗，因此如果 Stack 也是空的，在 Stack 呼叫 pop() 也會失敗。

DFS 演算法

開始實作 DFS 之前，還有一點小事需要處理。當我們搜尋時，需要 Node 類別來追蹤我們如何從某種狀態變成另一種狀態（或從某處到另一處）。你可以將 Node 想像成狀態的包裝器。在我們這個迷宮解決問題的例子，那些狀態都是 MazeLocation 型別。我們將 Node 稱為來自其 parent 的一種狀態，也會將我們的 Node 類別定義成擁有 cost 和 heuristic 屬性，並且實作了 __lt__()，所以可以在稍後的 A* 演算法重複使用。

程式 2.17 generic_search.py 承上

```
class Node(Generic[T]):
    def __init__(self, state: T, parent: Optional[Node], cost:
     float = 0.0, heuristic: float = 0.0) -> None:
        self.state: T = state
        self.parent: Optional[Node] = parent
        self.cost: float = cost
        self.heuristic: float = heuristic
```

```
    def __lt__(self, other: Node) -> bool:
        return (self.cost + self.heuristic) < (other.cost +
         other.heuristic)
```

TIP `Optional` 型別表示變數可以參照參數化型別的值或是 `None`。

TIP 在此檔案頂端的 `from __future__ import annotations` 允許 `Node` 在其方法的型別提示裡參照它自己。如果沒有這行，我們就需要將型別提示當作字串放進引號裡（例如 `'Node'`）。Python 的未來版本就不需要匯入 `annotations` 了。進一步資訊請參閱 PEP 563 "Postponed Evaluation of Annotations"：http://mng.bz/pgzR。

進行中的深度優先搜尋需要追蹤兩項資料結構：我們正考慮搜尋的狀態（或地點）堆疊，稱為 `frontier`（邊界）；以及我們已經搜尋過的狀態集，稱為 `explored`（已探索）。只要在該處邊界有更多狀態需要造訪，DFS 將會持繼檢查它們是不是目標（如果狀態即為目標，DFS 就會停止並將它傳回），並將它們的後繼者加到邊界。它也會將已經搜尋過的每個狀態標記成已探索，以便搜尋不會落入無止盡的循環，達到先前曾是後繼者造訪過的狀態。如果邊界是空的，就表示已經無處可再搜尋。

程式 2.18 generic_search.py 承上

```
def dfs(initial: T, goal_test: Callable[[T], bool], successors:
   Callable[[T], List[T]]) -> Optional[Node[T]]:
    # frontier：還沒去過
    frontier: Stack[Node[T]] = Stack()
    frontier.push(Node(initial, None))
    # explored；已探索過
    explored: Set[T] = {initial}

    # while 會繼續探索去過更多
    while not frontier.empty:
        current_node: Node[T] = frontier.pop()
        current_state: T = current_node.state
        # 找到目標就完成
        if goal_test(current_state):
            return current_node
        #  檢查還有哪裡還沒探索
        for child in successors(current_state):
            if child in explored:  #  跳過已經 explored 的子代
```

```
                continue
            explored.add(child)
            frontier.push(Node(child, current_node))
    return None  # 全都找過但都沒找到目標
```

如果 dfs() 成功執行，會傳回封裝了目標狀態的 Node。從這個 Node 開始往回使用 parent 屬性處理，即可重建從起點到目標的路徑。

程式 2.19 generic_search.py 承上

```
def node_to_path(node: Node[T]) -> List[T]:
    path: List[T] = [node.state]
    # 由後往前倒回去處理
    while node.parent is not None:
        node = node.parent
        path.append(node.state)
    path.reverse()
    return path
```

若為了顯示，在迷宮標示成功的路徑、起始狀態和目標狀態標記將會很有用，而且若能刪除路徑以便我們可以在同一個迷宮嘗試不同的搜尋演算法，也會很有用。以下兩個方法應該加到 maze.py 裡的 Maze 類別。

程式 2.20 maze.py 承上

```
def mark(self, path: List[MazeLocation]):
    for maze_location in path:
        self._grid[maze_location.row][maze_location.column] = Cell.PATH
    self._grid[self.start.row][self.start.column] = Cell.START
    self._grid[self.goal.row][self.goal.column] = Cell.GOAL

def clear(self, path: List[MazeLocation]):
    for maze_location in path:
        self._grid[maze_location.row][maze_location.column] =
         Cell.EMPTY
    self._grid[self.start.row][self.start.column] = Cell.START
    self._grid[self.goal.row][self.goal.column] = Cell.GOAL
```

這是一段漫長的旅程，但我們終於準備好解決這個迷宮了。

程式 2.21 maze.py 承上

```
if __name__ == "__main__":
    # 測試 DFS
    m: Maze = Maze()
    print(m)
    solution1: Optional[Node[MazeLocation]] = dfs(m.start, m.goal_test,
     m.successors)
    if solution1 is None:
        print("No solution found using depth-first search!")
    else:
        path1: List[MazeLocation] = node_to_path(solution1)
        m.mark(path1)
        print(m)
        m.clear(path1)
```

成功的解決方案看起來會像這樣：

```
S****X X
 X  *****
      X*
 XX******X
  X*
  X**X
 X  *****
        *
     X  *X
        *G
```

星號表示我們的深度優先搜尋函式找到的從起點到目標的路徑。請記住，因為每個迷宮都是隨機產生，因此並非每個迷宮都有解答。

2.2.4 寬度優先搜尋

你可能會注意到透過深度優先尋訪所找到的迷宮解答路徑似乎不自然，因為它們通常不是最短路徑。但在搜尋的每次迭代裡，寬度優先搜尋（BFS）總是會有系統的查詢距離起始狀態之外一層的節點來找尋最短路徑。深度優先搜尋存在著若干特定問題，可能比寬度優先搜尋更快找到解決方案，反之亦然。因此，要在兩者之間有所選擇，有時要在快速找到解答的可能性和找到目標的最短路徑（如果存在）的確定性之間有所妥協。如圖 2.5 所示，是正在進行寬度優先搜尋的迷宮。

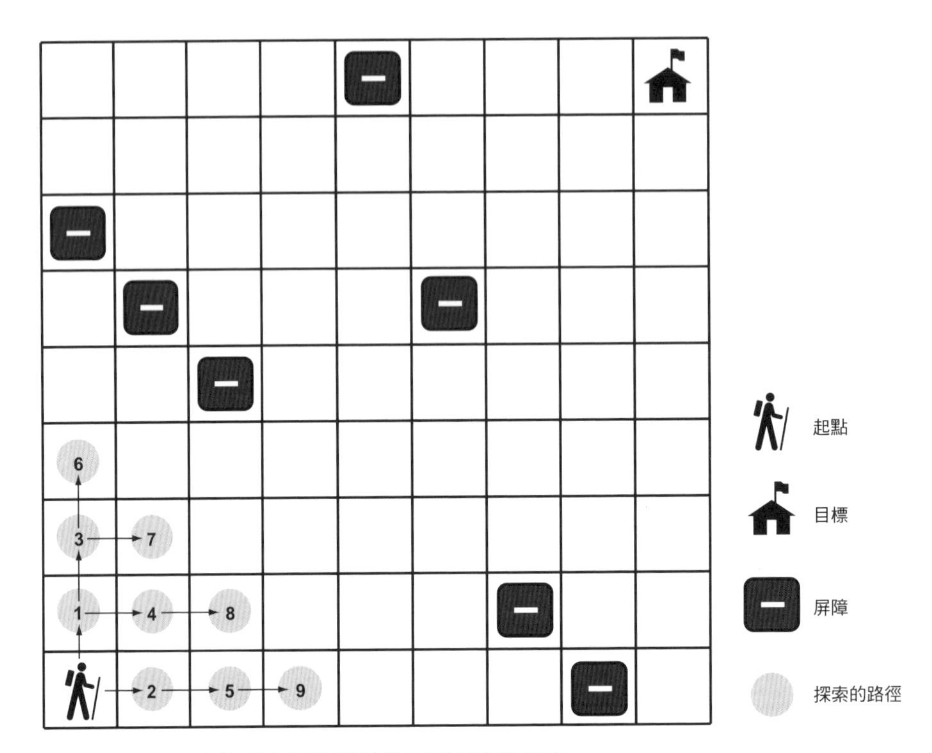

圖 2.5 寬度優先搜尋會優先搜尋最接近起點的元素。

要瞭解深度優先搜尋為什麼有時候會比寬度優先搜尋更快傳回結果，可以假設我們要尋找位在洋蔥特定某一層的記號。使用深度優先策略的搜尋者，可以將刀插入洋蔥的中心並任意檢視切出的洋蔥塊。如果有記號的那一層碰巧接近切出來的洋蔥塊，那麼搜尋者有機會能比使用寬度優先策略的另一位搜尋者更快發現它，因為使用寬度優先的搜尋者等於是費盡苦心的一次剝掉一層洋蔥的在尋找記號。

為了更能瞭解寬度優先搜尋一定可以找到其中存在的某一條最短解決路徑，我們可以試著找出波士頓和紐約之間靠站次數最少的火車班次路線。如果你持續朝相同方向前進，並在遇到死路就回頭（一如深度優先搜尋），或許在找到返回紐約的路線之前，你會先找到一條自始至終是通往西雅圖的路線。但若是寬度優先搜尋，你會先檢查所有距離波士頓 1 站之遙的車站，然後再檢查所有距離波士頓 2 站的車站，然後檢查所有距離波士頓 3 站的車站；這會一直持續到你找到紐約為止。因此，當你真的找到紐約，就會知道你已經找到靠站次數最少的路線，因為你已經檢查過所有距離波士頓較少停靠站的車站，而且其中沒有一站是紐約。

佇列

要實作 BFS，需要稱為**佇列**的資料結構。相對於堆疊是 LIFO，佇列則是 FIFO（先進先出）。佇列就像排隊使用洗手間，排隊的第 1 個人可以先用洗手間。佇列最少會有和堆疊相同的 `push()` 和 `pop()` 方法。事實上，我們的 `Queue` 的實作物（由 Python 的 deque 所支援）和我們的 `Stack` 實作物幾乎相同，唯一的改變是從 `_container` 的左端（而非右端移除元素），並且將 `list` 換成 deque（在此我使用「左」這個字來表示輔助儲存的開端）。左端的元素是仍在 deque 裡最舊元素（就送進佇列的時間而言），因此會優先提出左端的元素。

程式 2.22 generic_search.py 承上

```
class Queue(Generic[T]):
    def __init__(self) -> None:
        self._container: Deque[T] = Deque()

    @property
    def empty(self) -> bool:
        return not self._container  # 對空 container 而言，not 為 true

    def push(self, item: T) -> None:
        self._container.append(item)


    def pop(self) -> T:
        return self._container.popleft()  # FIFO，先進先出


    def __repr__(self) -> str:
        return repr(self._container)
```

TIP 為什麼 Queue 的實作物使用 deque 作為輔助儲存，而 Stack 的實作物卻使用 list 作為輔助儲存呢？這和我們提出資料項目的地方有關：在堆疊是從右推入、從右提出，在佇列也是從右推入，但卻是從左提出。Python 的 list 資料結構若是從右提出會很有效率，從左提出則否。而 deque 不論從左或右都有效率。因此，deque 有個名為 popleft() 的內建方法，但在 list 並沒有等同之物。你一定可以找到其他方式將 list 當作佇列的輔助儲存，但它們的效率會低落。從 deque 的左邊提出是 O(1) 運作，而在 list 是 O(*n*) 運作；若是 list，從左邊提出之後，所有後面的元素都必須向左移動一個位置，從而導致效率低落。

BFS 演算法

令人訝異的是，寬度優先搜尋的演算法與深度優先搜尋的演算法完全相同，只是邊界從堆疊變成佇列。將邊界從堆疊變成佇列會改變狀態被搜尋的順序，並且保證會優先搜尋最接近起始狀態的狀態。

程式 2.23 generic_search.py 承上

```
def bfs(initial: T, goal_test: Callable[[T], bool], successors:
     Callable[[T], List[T]]) -> Optional[Node[T]]:
    # frontier：還沒去過
    frontier: Queue[Node[T]] = Queue()
    frontier.push(Node(initial, None))
    # explored；已探索過
    explored: Set[T] = {initial}

    # while 會繼續探索去過更多
    while not frontier.empty:
        current_node: Node[T] = frontier.pop()
        current_state: T = current_node.state
        # 找到目標就完成
        if goal_test(current_state):
            return current_node
        # 檢查還有哪裡還沒探索
        for child in successors(current_state):
            if child in explored:  # 跳過已經 explored 的子代
                continue
            explored.add(child)
            frontier.push(Node(child, current_node))
    return None  # 全都找過但都沒找到目標
```

如果試著執行 bfs()，會發現它一定會找出迷宮問題的最短路徑解答。我們在前一個測試程式的 if __name__ == "__main__": 段落之後，加入了以下的測試，所以能在相同的迷宮比較結果。

程式 2.24 maze.py 承上

```
# 測試 BFS
solution2: Optional[Node[MazeLocation]] = bfs(m.start, m.goal_test,
     m.successors)
if solution2 is None:
    print("No solution found using breadth-first search!")
else:
    path2: List[MazeLocation] = node_to_path(solution2)
    m.mark(path2)
    print(m)
    m.clear(path2)
```

令人訝異的是，你只需要更改演算法存取的資料結構而不用改變演算法，就能獲得完全不同的結果。以下是我們呼叫 bfs() 處理之前呼叫 dfs() 處理過的同一個迷宮的結果。請注意標示星號者的路徑，是如何比前一個範例的路徑更直接從起點到達目標。

```
S    X X
*X
*      X
*XX      X
* X
* X  X
*X
*
*    X   X
*********G
```

2.2.5 A* 搜尋

就如同 BFS（寬度優先搜尋）的執行方式，逐層剝掉洋蔥會非常耗時。而 A* 搜尋的目的也在找出從開始狀態到目標狀態的最短路徑，但不同於之前 BFS 的實作，A* 搜尋使用成本函數和啟發函數的組合，將其搜尋集中在最有可能快速到達目標的路徑。

成本函數 g(*n*) 會檢視到達特定狀態的成本，以我們的迷宮為例，也就是我們必須先經過多少步驟才能到達相關狀態。啟發函數 h(*n*) 賦予了從相關狀態到目標狀態的成本估計值。可以獲得證明的是，如果 h(*n*) 是個**可接受的啟發式演算法**（*admissible heuristic*），那麼找到的最終路徑將會是最佳路徑。可接受的啟發式演算法永遠不會高估到達目標的成本。如果是二維平面，其中的例子就是直線距離啟發，因為直線一定是最短路徑。[1]

考慮到任何狀態的總成本是 f(*n*)，它只是 g(*n*) 和 h(*n*) 的組合。實際上，f(*n*) = g(*n*) + h(*n*)。要從邊界選擇下一個要探索的狀態時，A* 搜尋會挑選 f(*n*) 最低的那一個，而這就是 A* 和 BFS、DFS 的區別。

優先佇列

為了挑選邊界上 f(*n*) 最低的狀態，A* 搜尋使用**優先佇列**（*priority queue*）作為它邊界的資料結構。優先佇列會以內部的順序儲存其元素，以便提出的第 1 個元素始終都是最高優先的元素（在我們的例子，最高優先的項目是 f(*n*) 最低的其中一項）。這通常表示內部使用的二進位堆積會導致 O(lg *n*) 次的推入和 O(lg *n*) 次的提出。

Python 的標準程式庫包含 heappush() 和 heappop() 函式，這些函式將會取得一份清單，並以二進位堆積維護之。我們可以利用這些標準程式庫函式建置簡單的包裝函式來實作優先佇列。我們的 PriorityQueue 類別和 Stack、Queue 類別都很相似，以修改過的 push() 和 pop() 方法來使用 heappush() 和 heappop() 方法。

程式 2.25 generic_search.py 承上

```
class PriorityQueue(Generic[T]):
    def __init__(self) -> None:
        self._container: List[T] = []

    @property
    def empty(self) -> bool:
        return not self._container  # 對空 container 而言，not 為 true

    def push(self, item: T) -> None:
        heappush(self._container, item)  # 優先推入
```

1 更多啟發函數的資訊可參閱 Stuart Russell 和 Peter Norvig 的著作《*Artificial Intelligence: A Modern Approach, 3rd edition*》（Pearson, 2010）第 94 頁。

```
    def pop(self) -> T:
        return heappop(self._container)  # 優先提出

    def __repr__(self) -> str:
        return repr(self._container)
```

為了確定特定元素和其他同類型元素的優先順序，heappush() 和 heappop() 使用 < 運算子對它們進行比較。這就是為什麼我們先前需要在 Node 實作 __lt__()。藉著檢視 Node 對應的 f(n)，就能比較它們（f(n) 僅是屬性 cost 和 heuristic 的和）。

啟發式演算法

啟發式演算法（*heuristic*）是一種直覺或第六感，它和解決問題的方式有關[2]。以解決迷宮的例子來說，啟發法的目的在選擇最佳迷宮位置來進行下一個搜尋，以尋求到達目標。也就是說，關於邊界那些最接近目標的節點，都是有依據的猜測。如前所述，如果和 A* 搜尋一起使用的探索演算法產生可接受而且是準確的相對結果（永遠不會高估距離），那麼 A* 將提供最短路徑。計算較小值的探索演算法最終會導致更多狀態的搜尋，而計算更接近正確實際距離的探索演算法（但不會超過它，這會讓它們變得不可接受）則會導致更少狀態的搜尋。因此，理想的探索法會盡可能接近，而不會超過實際的距離。

歐幾里德距離

當我們學習幾何學的時候，兩點之間的最短路徑是直線。也就是說，直線的啟發之道總能處理迷宮問題，便相當合理。源自畢氏定理的歐幾里德距離如是說：**距離** = √((x **軸的差**)^2 + (y **軸的差**)^2)。對我們的迷宮而言，x 軸的差異相當於迷宮兩個位置之間的直行差異，而 y 軸的差異則相當於橫列的差異。請注意，我們正在先前的 maze.py 實作這項功能。

2 更多關於 A* 探索的啟發式演算法細節，可參閱 Amit Patel 的《*Amit's Thoughts on Pathfinding*》（http://mng.bz/z7O4）的"Heuristics"章節。

程式 2.26 maze.py 承上

```
def euclidean_distance(goal: MazeLocation) -> Callable[[MazeLocation],
    float]:
    def distance(ml: MazeLocation) -> float:
        xdist: int = ml.column - goal.column
        ydist: int = ml.row - goal.row
        return sqrt((xdist * xdist) + (ydist * ydist))
    return distance
```

euclidean_distance() 是傳回另一個函式的函式。像 Python 這種支援第一等函式的程式語言，允許這種有趣的模式。distance() 捕捉到 euclidean_distance() 傳遞的 goal MazeLocation，而捕捉意味著每次（固定）呼叫 distance() 的時候皆可參照這個變數。它傳回的函式利用 goal 來執行它的計算。這種模式能建立需要較少參數的函式。傳回的 distance() 函式僅以起始的迷宮位置作為參數，並且固定「知道」目標。

圖 2.6 在像是曼哈頓街道的格線內描繪出歐幾里德距離。

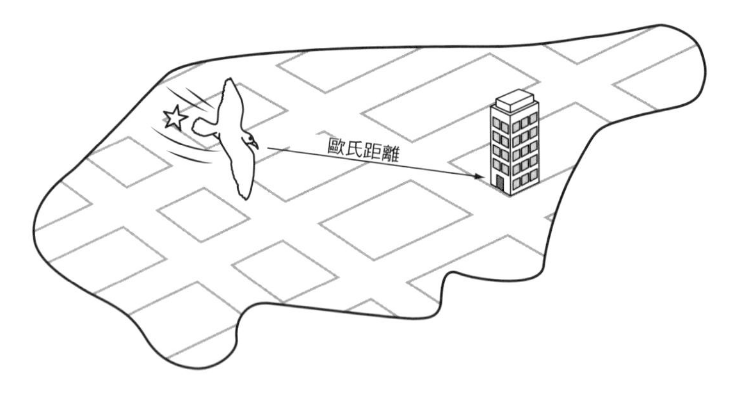

圖 2.6 歐幾里德距離是從起點到目標的直線長度。

曼哈頓距離

歐幾里德距離很棒，但是針對我們特有的問題（一次只能在迷宮裡移動 4 個方向的其中 1 個），我們可以做得更好。曼哈頓是紐約市最著名的行政區，這裡的街道規劃成格線格局，而曼哈頓距離源自於曼哈頓街道的巡覽。要從曼哈頓的任一處抵達同樣位於曼哈頓的任何地方，需要經過某些數量的水平街區和某些數量的垂直街區（曼哈頓幾乎沒有對角線的街道）。要得到曼哈頓距離，只需找出迷宮兩個位置之間的橫列差異再加上直行差異即可。圖 2.7 描繪的就是曼哈頓距離。

程式 2.27 maze.py 承上

```
def manhattan_distance(goal: MazeLocation) -> Callable[[MazeLocation],
    float]:
    def distance(ml: MazeLocation) -> float:
        xdist: int = abs(ml.column - goal.column)
        ydist: int = abs(ml.row - goal.row)
        return (xdist + ydist)
    return distance
```

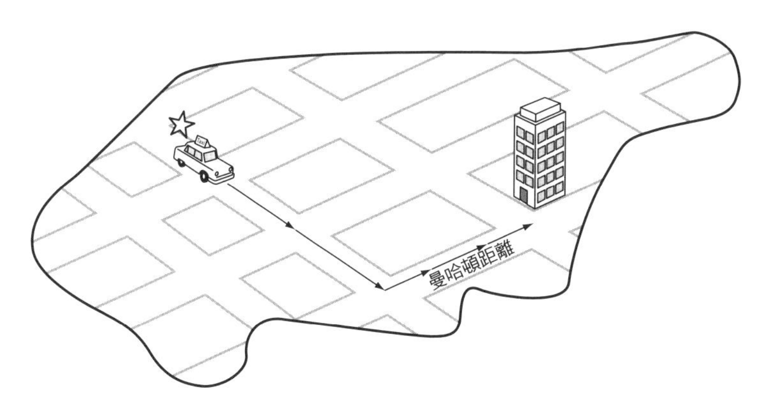

圖 2.7 曼哈頓距離沒有對角線，路徑必須沿著平行或垂直前進。

因為這種探索的作法能更準確依循巡覽我們迷宮的現狀（是以垂直和水平的方向移動，而不是對角線直線移動），它比歐幾里德距離更接近迷宮任何位置和目標之間的實際距離。因此對我們迷宮來說，A* 搜尋和曼哈頓距離相結合的搜尋狀態，會比 A* 搜尋和歐幾里德距離結合的搜尋狀態還少。這仍是最佳的解決方案路徑，因為對於僅允許 4 個移動方向的迷宮來說，可以接受曼哈頓距離（永遠不會高估距離）。

A* 演算法

要從 BFS 換成 A* 搜尋，我們需要做些小改變。首先是將邊界從佇列改成優先佇列。如此一來，邊界所提出的節點將會是最低的 f(*n*)。其次要將探索的集合改成字典。字典將允許我們追蹤可能造訪的每個節點的最低成本（g(*n*)）。以現正運作的啟發函式來說，如果估算的成本不一致，就可能會有某些節點造訪兩次的情況。如果以新方向找到的節點成本，比我們之前造訪過的時間還低，我們勢必會更喜歡新的路線。

為了簡單起見，函式 astar() 不會將成本計算函式當作參數。相反地，我們只將此迷宮的每一段路程視為成本 1。每個新 Node 都根據這項簡單的公式取得指定的成本，並且使用傳給搜尋函式 heuristic() 的新函式作為啟發法的分數。除了這些改變外，astar() 和 bfs() 非常相似，你可以將它們並列檢視來進行比較。

程式 2.28 generic_search.py

```
def astar(initial: T, goal_test: Callable[[T], bool], successors:
     Callable[[T], List[T]], heuristic: Callable[[T], float]) ->
     Optional[Node[T]]:
    # frontier：還沒去過
    frontier: PriorityQueue[Node[T]] = PriorityQueue()
    frontier.push(Node(initial, None, 0.0, heuristic(initial)))
    # explored；已探索過
    explored: Dict[T, float] = {initial: 0.0}

    # while 會繼續探索去過更多
    while not frontier.empty:
        current_node: Node[T] = frontier.pop()
        current_state: T = current_node.state
        # 找到目標就完成
        if goal_test(current_state):
            return current_node
        # 檢查還有哪裡還沒探索
        for child in successors(current_state):
            new_cost: float = current_node.cost + 1  # 1 假設是方格，
     更複雜的 app 需要成本函式

            if child not in explored or explored[child] > new_cost:
                explored[child] = new_cost
                frontier.push(Node(child, current_node, new_cost,
     heuristic(child)))
    return None  # 全都找過但都沒找到目標
```

恭喜！如果你已經瞭解這一點，就不只學會了如何解決迷宮，還學了一些可以應用在許多不同搜尋的通用搜尋功能。DFS 和 BFS 適用在效能並不重要且資料量和狀態空間都較小的諸多情況。在某些情況，DFS 優於 BFS，但 BFS 的優點就是一定能提供最佳路徑。有趣的是，BFS 和 DFS 的實作物完全相同，唯一的區別是邊界使用的是佇列而不是堆疊。稍微複雜的 A* 搜尋，加上良好、一致、可接受的啟發式演算法，不只可提供最佳路徑，更是遠勝過 BFS。而且因為這 3 個函式都以通用的方式實作，因此幾乎在任何搜尋空間使用它們，就只需要 import generic_search。

繼續以 maze.py 裡測試部分的相同迷宮來測試 astar()。

程式 2.29 maze.py 承上

```
# 測試 A*
distance: Callable[[MazeLocation], float] = manhattan_distance(m.goal)
solution3: Optional[Node[MazeLocation]] = astar(m.start, m.goal_test,
     m.successors, distance)
if solution3 is None:
    print("No solution found using A*!")
else:
    path3: List[MazeLocation] = node_to_path(solution3)
    m.mark(path3)
    print(m)
```

有趣的是，就算 bfs() 和 astar() 都找到了最佳路徑（長度相等），產生的結果還是會與 bfs() 略有不同。由於它採用啟發方式，astar() 會立即經過對角線朝向目標前進。最終它所搜尋的狀態會比 bfs() 少，因而得到更佳的效能。如果你想自己證明這一點，可自行在兩個函式加入狀態計數。

```
S**   X X
 X**
   *    X
 XX*      X
  X*
  X**X
 X   ****
        *
      X * X
        **G
```

2.3 傳教士和食人族

3 位傳教士和 3 名食人族在河的西岸。他們有 1 艘可以容納兩個人的獨木舟，而他們所有的人都必須過河到達東岸。河任一岸的食人族都不能比傳教士多，不然的話食人族會吃掉傳教士。此外，要渡河的獨木舟上必須至少要有一個人。什麼樣的順序能讓整群人成功渡河到達對岸？圖 2.8 描述了這個問題。

2.3.1 描述問題

我們將以 1 個記錄西岸的結構來代表問題：西岸有多少傳教士和食人族？這艘船在西岸嗎？只要我們對此有所瞭解，就能釐清東岸有什麼，因為所有不在西岸的，就是在東岸。

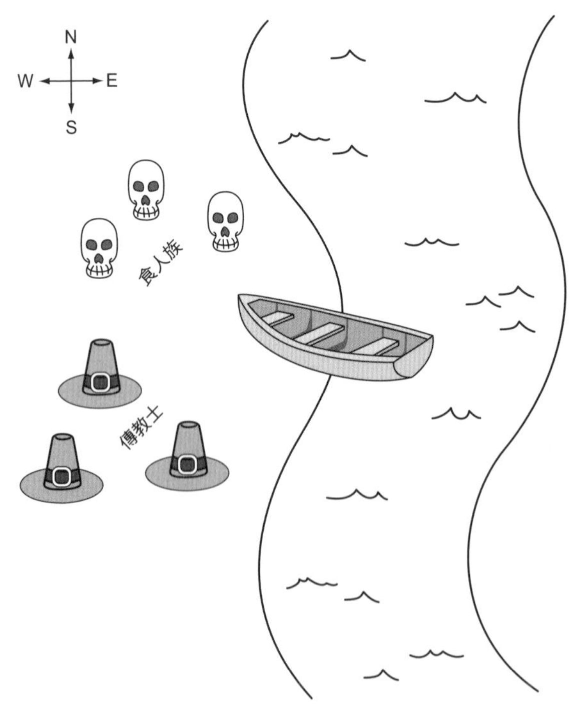

圖 2.8 傳教士和食人族必須以他們唯一的獨木舟將所有的人從西岸渡河載到東岸。如果食人族的數量超過傳教士，食人族就會吃掉傳教士。

首先，我們會建立一些方便的變數來記錄傳教士和食人族的最大數量，接著我們將定義主類別。

程式 2.30 missionaries.py

```
from __future__ import annotations
from typing import List, Optional
from generic_search import bfs, Node, node_to_path

MAX_NUM: int = 3


class MCState:
    def __init__(self, missionaries: int, cannibals: int, boat: bool)
     -> None:
        self.wm: int = missionaries # 西岸傳教士
        self.wc: int = cannibals # 西岸食人族
        self.em: int = MAX_NUM - self.wm  # 東岸傳教士
        self.ec: int = MAX_NUM - self.wc  # 東岸食人族
        self.boat: bool = boat

    def __str__(self) -> str:
        return ("On the west bank there are {} missionaries and {}
     cannibals.\n"
                "On the east bank there are {} missionaries and {}
     cannibals.\n"
                "The boat is on the {} bank.")\
            .format(self.wm, self.wc, self.em, self.ec, ("west" if
     self.boat else "east"))
```

類別 MCState 根據西岸的傳教士和食人族數量和船的位置自行初始化。它也知道如何自行列印得更為美觀，這在後續要顯示問題的解決方案時就會很有價值。

在我們現有的搜尋函式範圍之內運作，便意味著我們必須定義函式來測試狀態是不是目標狀態，也要定義能從任何狀態找出後繼者的函式。如同在迷宮問題所看過的，目標測試功能非常簡單，就是所有傳教士和食人族都到了東岸，這就是我們達到的合法狀態。這項測試函式會以方法的形式加入 MCState。

程式 2.31 missionaries.py 承上

```
def goal_test(self) -> bool:
    return self.is_legal and self.em == MAX_NUM and self.ec == MAX_NUM
```

欲建立後繼者函式，必須完成從某一岸到另一岸的所有可能移動，然後檢查每一次移動是否會導致合法狀態。請試著回想，合法狀態是任一岸的食人族沒有超過傳教士的狀態。為了確定這點，我們可以定義 1 個方便的屬性（當作 MCState 的方法），以此檢查狀態是否合法。

程式 2.32 missionaries.py 承上

```
@property
def is_legal(self) -> bool:
    if self.wm < self.wc and self.wm > 0:
        return False
    if self.em < self.ec and self.em > 0:
        return False
    return True
```

為了清楚起見，實際的後繼者函式有點冗長。它試著加入一、兩個人從目前所在的河岸以獨木舟渡河的每種可能組合。只要它加入了所有可能的移動方式，就會透過串列解析式過濾那些實際上合法的移動。再次強調，這也是 MCState 裡的方法。

程式 2.33 missionaries.py 承上

```
def successors(self) -> List[MCState]:
    sucs: List[MCState] = []
    if self.boat: # 船在西岸
        if self.wm > 1:
            sucs.append(MCState(self.wm - 2, self.wc, not self.boat))
        if self.wm > 0:
            sucs.append(MCState(self.wm - 1, self.wc, not self.boat))
        if self.wc > 1:
            sucs.append(MCState(self.wm, self.wc - 2, not self.boat))
        if self.wc > 0:
            sucs.append(MCState(self.wm, self.wc - 1, not self.boat))
        if (self.wc > 0) and (self.wm > 0):
            sucs.append(MCState(self.wm - 1, self.wc - 1,
             not self.boat))
    else: # 船在東岸
        if self.em > 1:
```

```
            sucs.append(MCState(self.wm + 2, self.wc, not self.boat))
        if self.em > 0:
            sucs.append(MCState(self.wm + 1, self.wc, not self.boat))
        if self.ec > 1:
            sucs.append(MCState(self.wm, self.wc + 2, not self.boat))
        if self.ec > 0:
            sucs.append(MCState(self.wm, self.wc + 1, not self.boat))
        if (self.ec > 0) and (self.em > 0):
            sucs.append(MCState(self.wm + 1, self.wc + 1,
             not self.boat))
    return [x for x in sucs if x.is_legal]
```

2.3.2 解答

現在解決問題的所有素材全都就位了。回想一下，當我們使用 bfs()、dfs()、astar() 等搜尋函式解決問題時，會獲得 Node，這我們可以用 node_to_path() 轉換成呈現解決方案的狀態串列。我們依然需要某種方法，能將那個串列轉換成易於瞭解的循序步驟，以此解決傳教士和食人族的問題。

函式 display_solution() 會將解決方案的路徑轉換成印出來的結果——這是給人閱讀的解決方案。它的運作方式是逐一查看解決方案路徑裡的所有狀態，同時也記錄前一個狀態。它會檢視前一個狀態和目前正在逐一查看的狀態之間的區別，來找出有多少傳教士和食人族在河上移動，以及移動方向。

程式 2.34 missionaries.py 承上

```
def display_solution(path: List[MCState]):
    if len(path) == 0: # 完整性檢查
        return
    old_state: MCState = path[0]
    print(old_state)
    for current_state in path[1:]:
        if current_state.boat:
            print("{} missionaries and {} cannibals moved from the
 east bank to the west bank.\n"
                  .format(old_state.em - current_state.em, old_state.ec
 - current_state.ec))
        else:
            print("{} missionaries and {} cannibals moved from the west
 bank to the east bank.\n"
```

```
                .format(old_state.wm - current_state.wm, old_state.wc
    - current_state.wc))
        print(current_state)
        old_state = current_state
```

MCState 知道該如何透過 __str__() 將它自己的摘要印得美觀，而 display_solution() 函式利用了這項事實。

實際上最後我們要做的是解決傳教士和食人族問題。為此，可以很方便的重複使用我們已經實作的通用搜尋函式。這項解決方案使用 bfs()（因為使用 dfs() 需要將相同值的不同狀態標示成相同，而 astar() 則需要啟發法）。

程式 2.35 missionaries.py 承上

```
if __name__ == "__main__":
    start: MCState = MCState(MAX_NUM, MAX_NUM, True)
    solution: Optional[Node[MCState]] = bfs(start, MCState.goal_test,
     MCState.successors)
    if solution is None:
        print("No solution found!")
    else:
        path: List[MCState] = node_to_path(solution)
        display_solution(path)
```

很高興看到我們的通用搜尋函式可以這麼彈性，它們很容易改寫，進而用來解決各式各樣的問題。你應該會看到類似以下的結果（節錄）：

```
On the west bank there are 3 missionaries and 3 cannibals.
On the east bank there are 0 missionaries and 0 cannibals.
The boast is on the west bank.
0 missionaries and 2 cannibals moved from the west bank to the east
 bank.

On the west bank there are 3 missionaries and 1 cannibals.
On the east bank there are 0 missionaries and 2 cannibals.
The boast is on the east bank.
0 missionaries and 1 cannibals moved from the east bank to the west
 bank.

...

On the west bank there are 0 missionaries and 0 cannibals.
On the east bank there are 3 missionaries and 3 cannibals.
The boast is on the east bank.
```

2.4 真實世界的應用

搜尋在所有有用的軟體扮演了一些角色，它在某些情況是核心元素（Google 搜尋、Spotlight、Lucene）；在其他情況，對於構成資料儲存基礎的結構而言，搜尋是使用這類結構的基礎。瞭解搜尋演算法應該套用在哪一種資料結構，對效能十分重要。例如，在排序過的資料結構使用線性搜尋，將會耗費很大的成本（除非改用二元搜尋）。

A* 是部署最為廣泛的其中一種路徑尋找演算法，它只輸給在搜尋空間執行預先計算的演算法。若是盲目搜尋，A* 在所有情境都還不一定會輸給任何演算法，這也讓 A* 成為從找出最短路徑的路由規劃到解析程式語言等種種應用所不可或缺的重要元件。大多數提供方向的地圖軟體（想想 Google Maps）使用狄氏演算法（Dijkstra's algorithm，狄格斯特演算法）進行導航；A* 是這種演算法的變形（第 4 章還有更多關於狄氏演算法的內容）。只要遊戲裡的 AI 角色在沒有人為介入而能從世界某一端到另一端找到最短路徑，它很可能就是使用 A*。

寬度優先搜尋和深度優先搜尋通常是更為複雜的搜尋演算法的基礎，例如統一成本搜尋和回溯搜尋（你會在下一章看到）。寬度優先搜尋通常是足以在相當小的圖形找出最短路徑的技術。但由於它和 A* 相似，如果更大的圖形具備了很好的啟發法，則很容易被 A* 取代。

2.5 練習

1. 建立 1 個有百萬個數字的串列，再計時本章定義的 `linear_contains()` 和 `binary_contains()` 函式找出此串列裡的各種數字所需要的時間，並呈現二元搜尋相對於線性搜尋的效能優勢。

2. 將計數器加入 `dfs()`、`bfs()`、`astar()`，以查看每次搜尋相同迷宮有多少狀態數量。用 100 個不同迷宮來測試，以獲得統計上的顯著結果。

3. 找出不同起始數量的傳教士和食人族的「傳教士和食人族問題」解決方案。提示：你可能需要將覆寫版的 `__eq__()` 和 `__hash__()` 方法加入 `MCState`。

3 限制滿足問題

大多數利用運算工具解決的問題大致可歸類為限制滿足問題（CSP）。CSP由具有可能值的**變數**（*variables*）所組成，這些變數所屬的範圍稱為**值域**（*domains*）。必須滿足變數之間的**限制**（*constraints*），才能解決限制滿足的問題。這3項核心概念（變數、值域、限制）很容易瞭解，而它們的普遍性也正是限制滿足問題的解法能被廣泛應用的基礎。

讓我們舉例說明。假設你正試著要安排在週五和喬、瑪麗、蘇開會，而蘇至少必須和其中一個人開會。對於這樣的排程問題，這3個人（喬、瑪麗、蘇）可以是變數，而每個變數的值域可以是他們各自可用的時間；例如變數瑪麗的值域是下午2點、下午3點、下午4點。這個問題也有兩項限制，一是蘇必須參加會議，另一項是至少必須有兩人參加會議。限制滿足問題解答器將提供3個變數、3個值域、兩項限制，然後它就能在不需使用者正確解釋如何進行的情況下，解決這個問題。圖3.1描繪了這個例子。

諸如Prolog和Picat之類的程式語言內建了解決限制滿足問題的能力。其他語言常用的技巧則是建置一種合併了回溯搜尋和幾種啟發式的框架，來提高搜尋的效能。我們在本章將先建置CSP框架，使用簡單的遞迴回溯搜尋來解決它們。然後將使用此框架來解決幾個不同的範例問題。

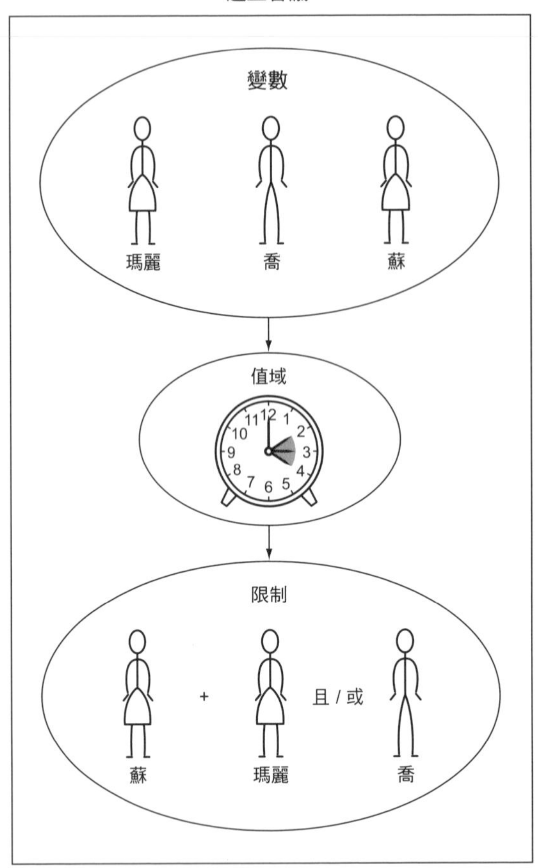

圖 3.1 排程問題是限制滿足框架的典型應用。

3.1 建置限制滿足問題的框架

所有的限制將會以 Constraint 類別來定義，每個 Constraint 是由它所限制的 variables 和檢查是否滿足的 satisfied() 方法所組成。定義特定的限制滿足問題時，主要的邏輯都在判定限制是否獲得滿足。我們應該覆寫預設的實作物，事實上也必須如此，因為我們將 Constraint 類別定義成抽象的基礎類別，而這種類別並不會被實體化；相反地，只有覆寫並實作它們的 @abstractmethod 的子類別才能被實際使用。

程式 3.1 csp.py

```
from typing import Generic, TypeVar, Dict, List, Optional
from abc import ABC, abstractmethod

V = TypeVar('V') # 變數類型

D = TypeVar('D') # 值域類型

# 所有限制的基礎類別
class Constraint(Generic[V, D], ABC):
    # 限制之間的變數
    def __init__(self, variables: List[V]) -> None:
        self.variables = variables


    # 必須被子類別覆寫
    @abstractmethod
    def satisfied(self, assignment: Dict[V, D]) -> bool:
        ...
```

TIP 把抽象基礎類別當作類別階層模板，在其他如 C++ 語言比在 Python 作為使用者面向功能更為普遍。事實上，抽象基礎類別引進 Python 時，Python 語言的生命已經過了一大半。話雖如此，Python 標準程式庫裡的諸多集合類別都是以抽象基礎類別實作。除非你確定你所建置的是其他人將會建置的框架，而不只是內部使用的類別階層，不然一般都不建議在自己的程式碼使用它們。詳情可見 Luciano Ramalho 著作《流暢的 *Python*》第 11 章（歐萊禮，2016 年）（繁體中文版由碁峰資訊出版）。

我們的限制滿足框架的核心會是名為 `CSP` 的類別。`CSP` 是變數、值域、限制的匯集點。就它的型別提示而言，它以通用的方式讓自己能有足夠的彈性，得以處理任何類型的變數和值域的值（`V` 索引鍵和 `D` 值域的值）。在 `CSP` 裡，`variables`、`domains`、`constraints` 集合是你期待的型別。`variables` 集合是變數的 `list`，`domains` 是將變數映對到可能值的串列的 `dict`（那些變數的值域），而 `constraints` 則是將每個變數映對到強加給它的限制 `list` 的 `dict`。

程式 3.2 csp.py 承上

```
# 限制滿足問題是由「V型別的變數（其值範圍稱為 D型別的值域）」
# 和「決定特定變數的值域選擇是不是有效的限制」
# 所組成
class CSP(Generic[V, D]):
    def __init__(self, variables: List[V], domains: Dict[V, List[D]])
     -> None:
        self.variables: List[V] = variables
         # 變數被限制
        self.domains: Dict[V, List[D]] = domains
         # 每個變數的值域
        self.constraints: Dict[V, List[Constraint[V, D]]] = {}
        for variable in self.variables:
            self.constraints[variable] = []
            if variable not in self.domains:
                raise LookupError("Every variable should have a domain
     assigned to it.")

    def add_constraint(self, constraint: Constraint[V, D]) -> None:
        for variable in constraint.variables:
            if variable not in self.variables:
                raise LookupError("Variable in constraint not in CSP")
            else:
                self.constraints[variable].append(constraint)
```

`__init__()` 初始設定式建立了 constraints dict，而 add_constraint() 方法處理了某個限制所觸及的所有變數，將它自己加到每個變數映對的 constraints。這兩個方法在適當之處都有基本的錯誤檢查，並且在 variable 缺少值域或 constraint 在不存在的變數，就會引發例外。

我們怎麼知道特定變數的配置和選定的值域值有沒有滿足這些限制？這類特定的配置我們稱為「賦值」。我們需要一個函數，它會根據賦值檢查特定變數的每個限制，來檢查賦值裡的變數值能不能適用這些限制。在此我們將 consistent() 函式實作成 CSP 的方法。

程式 3.3 csp.py 承上

```
# 根據賦值檢查特定變數的每個限制，來檢查賦值裡的變數值適用限制
def consistent(self, variable: V, assignment: Dict[V, D]) -> bool:
    for constraint in self.constraints[variable]:
        if not constraint.satisfied(assignment):
            return False
```

```
        return True
```

consistent() 會處理給定變數（一定是剛加入賦值的變數）的每個限制，並且在給定新賦值的情況下檢查是否滿足限制。如果賦值滿足每個限制，則傳回 True。如果未能滿足施加在變數的任何限制，則傳回 False。

這個限制滿足框架將使用簡單的回溯搜尋來找出問題的解答。**回溯**的概念如下：只要你在搜尋時撞到牆，就要回到在這堵牆之前做出決策的最後一個已知點，並選擇不同的路徑。如果覺得這聽起來像是第 2 章的深度優先搜尋，那麼你的確相當敏銳。以下 backtracking_search() 函式裡所實作的回溯搜尋是某種遞迴的深度優先搜尋，它合併了第 1 和第 2 章出現過的概念。這個函式是以方法的形式加到 CSP 類別。

程式 3.4 csp.py 承上

```
def backtracking_search(self, assignment: Dict[V, D] = {}) ->
 Optional[Dict[V, D]]:
    # 如果所有變數都已指定，賦值即完成（我們的基本情況）
    if len(assignment) == len(self.variables):
        return assignment

    # 取得 CSP 裡（但不在賦值）的所有變數
    unassigned: List[V] = [v for v in self.variables if v not in
     assignment]

    # 取得第 1 個未指定變數的所有可能值域的值
    first: V = unassigned[0]
    for value in self.domains[first]:
        local_assignment = assignment.copy()
        local_assignment[first] = value
        # 如果依然一致，就遞迴（繼續）
        if self.consistent(first, local_assignment):
            result: Optional[Dict[V, D]] = self.backtracking_search(
 local_assignment)
            # 如果找不到結果，就結束回溯
            if result is not None:
                return result
    return None
```

讓我們逐行檢視 backtracking_search() 的程式碼。

```
if len(assignment) == len(self.variables):
    return assignment
```

遞迴搜尋的基本情況是要找到每個變數的有效賦值。只要完成，我們就會傳回解答的第一個有效實體（而且不會繼續搜尋）。

```
unassigned: List[V] = [v for v in self.variables if v not
in assignment]
first: V = unassigned[0]
```

為了選擇我們即將探索其值域的新變數，我們只需瀏覽所有變數並找出第 1 個沒有賦值的變數。為此，我們用所有存在 self.variables 而且不存在 assignment 的變數建立一個 list，並將其命名為 unassigned。接著從 unassigned 取出第 1 個值。

```
for value in self.domains[first]:
    local_assignment = assignment.copy()
    local_assignment[first] = value
```

我們試著為該變數指定所有可能的值域，一次一個。每個新的賦值則儲存在名為 local_assignment 的區域字典。

```
if self.consistent(first, local_assignment):
    result: Optional[Dict[V, D]] = self.backtracking_search(
     local_assignment)
    if result is not None:
        return result
```

如果 local_assignment 裡新的賦值和所有限制（也就是 consistent() 所檢查的）一致，我們就繼續以適當的遞迴搜尋新的賦值。如果新的賦值結果完成了（基本情況），我們會將新的賦值傳回遞迴鏈。

```
return None  # 無解
```

最後，如果我們已經處理了特定變數的每個可能的值域，並且找不到可以利用現有賦值集合的解決方案，就傳回 None，表示無解。而這將導致遞迴鏈回溯到前一個可以進行不同賦值的點。

3.2 澳洲地圖著色問題

想像你有一張澳洲地圖，並且想要替州或領地（我們統稱「地區」）著色；任何相鄰地區的顏色都不相同。你能只用 3 種不同顏色替這些地區著色嗎？

答案是肯定的。自己試一試吧（最簡單的方法是印出白色背景的澳洲地圖）！身為人類，藉著檢閱和一些反覆試驗，我們就能很快找出解決方案。針對作為我們回溯限制滿足的解答器來說，這的確是個微不足道的問題，而且也是很好的第一個問題。這個問題如圖 3.2 所示。

圖 3.2　在澳洲地圖著色問題的解決方案中，任何相鄰的兩部分都不能以相同的顏色著色。

欲將問題塑模成 CSP，我們需要定義變數、值域和限制。變數是澳洲的 7 個地區（至少我們將限制自己的 7 個地區）：西澳、北領地，南澳、昆士蘭、新南威爾斯、維多利亞、塔斯馬尼亞。可以將它們在我們的 CSP 用字串如此塑模。每個變數的值域是可以指定的 3 種不同顏色（我們將使用紅、綠、藍）。限制是棘手的部分；任何相鄰的兩個地區不能以相同的顏色著色，因此我們的限制將由哪些地區彼此相鄰所決定。我們可以使用所謂的二元限制（兩個變數之間的限制）。每個交界的兩個地區也將共用二元限制，表示不能將相同的顏色指定給它們。

要以程式碼實作這些二元限制，我們需要用 `Constraint` 類別來建立子類別。`MapColoringConstraint` 子類別的建構式能接受兩個變數：交界的兩個地區。其覆寫的 `satisfied()` 方法會先檢查是否已將值域（顏色）指定給兩個地區，如果兩者中的任一地區沒有指定，在它們這麼做之前都會滿足限制（如果某一方還沒有顏色，也不會有衝突）。然後它將檢查兩個地區是否指定了相同的顏色如果相同的話，就不會滿足限制。

以下就是這個類別的完整內容。`MapColoringConstraint` 本身在型別提示方面並非泛型，但它子類別化了泛型類別 `Constraint` 的參數化版本，這表示變數和值域都是 `str` 型別。

程式 3.5 map_coloring.py

```python
from csp import Constraint, CSP
from typing import Dict, List, Optional

class MapColoringConstraint(Constraint[str, str]):
    def __init__(self, place1: str, place2: str) -> None:
        super().__init__([place1, place2])
        self.place1: str = place1
        self.place2: str = place2


    def satisfied(self, assignment: Dict[str, str]) -> bool:
        # 任一位置若不在賦值，它們的顏色還不可能衝突
        if self.place1 not in assignment or self.place2 not in
            assignment:
            return True
        # 檢查指定給 place1 顏色，和指定給 place2 的顏色不同
        return assignment[self.place1] != assignment[self.place2]
```

TIP super() 有時用來呼叫超類別的方法，但你也可以使用類別本身的名稱，例如 Constraint.__init__([place1, place2])。這在處理多重繼承就特別有用，如此你就能知道正在呼叫哪個超類別的方法。

現在，我們有了一種在地區之間實作限制的方式，以我們的 CSP 解答器解決澳洲地圖著色問題就只剩下填入值域和變數，然後加入限制。

程式 3.6 map_coloring.py 承上

```
if __name__ == "__main__":
    variables: List[str] = ["Western Australia", "Northern Territory",
     "South Australia", "Queensland", "New South Wales", "Victoria",
     "Tasmania"]
    domains: Dict[str, List[str]] = {}
    for variable in variables:
        domains[variable] = ["red", "green", "blue"]
    csp: CSP[str, str] = CSP(variables, domains)
    csp.add_constraint(MapColoringConstraint("Western Australia",
     "Northern Territory"))
    csp.add_constraint(MapColoringConstraint("Western Australia", "South
     Australia"))
    csp.add_constraint(MapColoringConstraint("South Australia",
     "Northern Territory"))
    csp.add_constraint(MapColoringConstraint("Queensland", "Northern
     Territory"))
    csp.add_constraint(MapColoringConstraint("Queensland", "South
     Australia"))
    csp.add_constraint(MapColoringConstraint("Queensland", "New South
     Wales"))
    csp.add_constraint(MapColoringConstraint("New South Wales", "South
     Australia"))
    csp.add_constraint(MapColoringConstraint("Victoria", "South
     Australia"))
    csp.add_constraint(MapColoringConstraint("Victoria", "New South
     Wales"))
    csp.add_constraint(MapColoringConstraint("Victoria", "Tasmania"))
```

最後會呼叫 backtracking_search() 來找出解決方案。

程式 3.7 map_coloring.py 承上

```
solution: Optional[Dict[str, str]] = csp.backtracking_search()
if solution is None:
    print("No solution found!")
else:
    print(solution)
```

正確的解決方案將包括指定給每個地區的顏色。

```
{'Western Australia': 'red', 'Northern Territory': 'green', 'South
     Australia': 'blue', 'Queensland': 'red', 'New South Wales':
     'green', 'Victoria': 'red', 'Tasmania': 'green'}
```

3.3 八皇后問題

西洋棋盤有 8×8 個正方形方格，皇后是其中一種棋子，可以在棋盤沿著任何列、行、或對角線移動任意數量的小方格。如果皇后在移動時吃了其他棋子，就不需跳過其他任何棋子而能直接移動到該子所在的方格（也就是說，如果有其他棋子位在皇后的視線範圍裡，就會受到皇后攻擊）。所謂的八皇后問題，是棋盤要如何放置 8 顆皇后而不會讓這些皇后互相吃掉；整個問題如圖 3.3 所示。

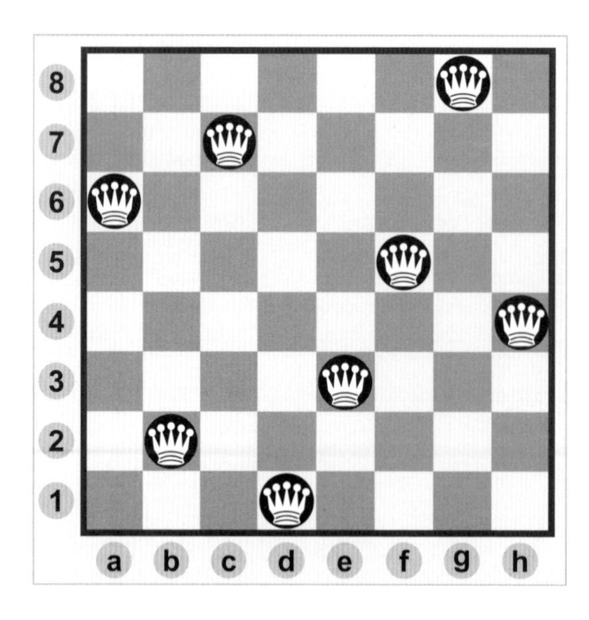

圖 3.3 其中一種八皇后問題的解答（解答不只一種），這些皇后都不會相互威脅。

為了呈現棋盤裡的方格，我們將以整數的列和行替方格編號。簡單的按照順序將它們指定到第 1 行到第 8 行，我們可以確保 8 個皇后不會在同一列。我們限制滿足問題的變數可以只是討論中的皇后的列。值域可以是可能的列（同樣的還是 1 到 8）。以下列出的程式碼顯示出我們定義了這些變數和值域的檔案結尾。

程式 3.8 queens.py

```
if __name__ == "__main__":
    columns: List[int] = [1, 2, 3, 4, 5, 6, 7, 8]
    rows: Dict[int, List[int]] = {}
    for column in columns:
        rows[column] = [1, 2, 3, 4, 5, 6, 7, 8]
    csp: CSP[int, int] = CSP(columns, rows)
```

為了解決這個問題，我們需要能檢查任兩顆皇后棋子是在同一列還是在對角線上的限制（它們都被指定了不同的連續列作為開始）。檢查同一列非常簡單，但檢查是不是位在同一條對角線就需要一點點數學。如果任兩顆皇后位在同一條對角線，它們的列之間的差會等於它們的行之間的差。你能看到 `QueensConstraint` 是在哪裡執行這些檢查的嗎？請注意，以下程式碼的位置是我們原始檔的開頭。

程式 3.9 queens.py 承上

```
from csp import Constraint, CSP
from typing import Dict, List, Optional

class QueensConstraint(Constraint[int, int]):
    def __init__(self, columns: List[int]) -> None:
        super().__init__(columns)
        self.columns: List[int] = columns

    def satisfied(self, assignment: Dict[int, int]) -> bool:
        # q1c = queen 1 column, q1r = queen 1 row
        for q1c, q1r in assignment.items():
        # q2c = queen 2 column
            for q2c in range(q1c + 1, len(self.columns) + 1):
                if q2c in assignment:
                    q2r: int = assignment[q2c] # q2r = queen 2 row
                    if q1r == q2r: # 同一列？
                        return False
```

```
            if abs(q1r - q2r) == abs(q1c - q2c):
                # 同一對角線？
                return False
    return True # 不衝突
```

最後剩下的就是加入限制並執行搜尋。我們現在回到原始檔的底部。

程式 3.10 queens.py 承上

```
csp.add_constraint(QueensConstraint(columns))
solution: Optional[Dict[int, int]] = csp.backtracking_search()
if solution is None:
    print("No solution found!")
else:
    print(solution)
```

請注意，我們為了地圖著色而建置了限制滿足問題解答器的應用框架，此框架很容易就能重複用來解決完全不同類型的問題，這就是針對一般情況編寫程式碼厲害之處！除非針對特定應用量身訂制以達到效能最佳化，否則演算法應該盡可能以更廣泛的適用形式實作。

正確的解決方案會將 1 行、1 列分配給每顆皇后棋子。

```
{1: 1, 2: 5, 3: 8, 4: 6, 5: 3, 6: 7, 7: 2, 8: 4}
```

3.4 單字搜尋

單字搜尋是在英文字母方格裡沿著列、行、對角線放置了許多隱藏的英文單字。單字搜尋謎題的玩家試著仔細察看方格來找出隱藏的單字。而如何將單字藏入字母方格，就是一種限制滿足的問題。變數是題目裡的單字，而值域是這些單字可能的位置。此問題如圖 3.4 所述。

為了方便起見，我們的單字搜尋不包括重疊的單字。你可以加以改進讓它允許重疊的單字來作為練習。

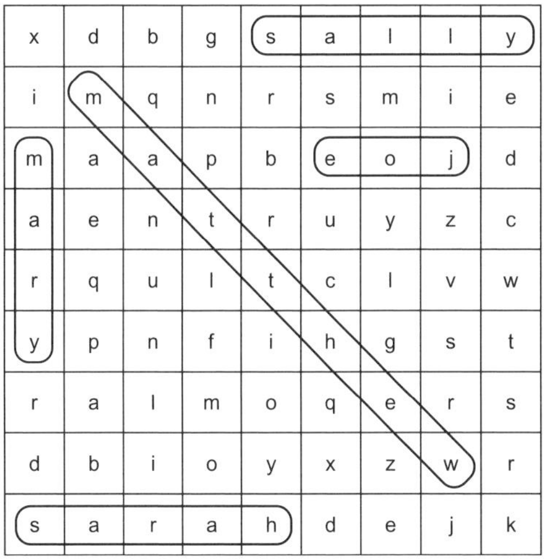

x	d	b	g	s	a	l	l	y
i	m	q	n	r	s	m	i	e
m	a	a	p	b	e	o	j	d
a	e	n	t	r	u	y	z	c
r	q	u	l	t	c	l	v	w
y	p	n	f	i	h	g	s	t
r	a	l	m	o	q	e	r	s
d	b	i	o	y	x	z	w	r
s	a	r	a	h	d	e	j	k

圖 3.4　經典的單字搜尋，你可以在兒童猜謎遊戲書籍找到這類的例子。

這個單字搜尋問題的方格，和第 2 章的迷宮並非完全不同。以下某些資料型別看起來應該很熟悉。

程式 3.11　word_search.py

```
from typing import NamedTuple, List, Dict, Optional
from random import choice
from string import ascii_uppercase
from csp import CSP, Constraint

Grid = List[List[str]]  # 方格的型別別名

class GridLocation(NamedTuple):
    row: int
    column: int
```

一開始我們將英文字母（ascii_uppercase）填入方格。我們也需要能顯示方格的函式。

程式 3.12　word_search.py 承上

```
def generate_grid(rows: int, columns: int) -> Grid:
    # 以隨機字母初始方格
    return [[choice(ascii_uppercase) for c in range(columns)] for r in
     range(rows)]
```

```python
def display_grid(grid: Grid) -> None:
    for row in grid:
        print("".join(row))
```

為了確定單字在方格裡的位置，我們將產生它們的值域。單字的值域是它所有字母可能位置的串列的串列（List[List[GridLocation]]）。但是單字不能隨處放置，它們必須保持在方格邊界裡的列、行、或對角線裡。也就是說，它們不應該超出方格的邊界。generate_domain() 的目的是替每個單字建置這些串列。

程式 3.13 word_search.py 承上

```python
def generate_domain(word: str, grid: Grid) -> List[List[GridLocation]]:
    domain: List[List[GridLocation]] = []
    height: int = len(grid)
    width: int = len(grid[0])
    length: int = len(word)
    for row in range(height):
        for col in range(width):
            columns: range = range(col, col + length + 1)
            rows: range = range(row, row + length + 1)
            if col + length <= width:
                # 左到右
                domain.append([GridLocation(row, c) for c in columns])
                # 右下角的對角線
                if row + length <= height:
                    domain.append([GridLocation(r, col + (r - row)) for
 r in rows])
            if row + length <= height:
                # 上到下
                domain.append([GridLocation(r, col) for r in rows])
                # 左下角的對角線
                if col - length >= 0:
                    domain.append([GridLocation(r, col - (r - row)) for
 r in rows])
    return domain
```

對於單字可能位置的範圍（沿著列、行、或對角線），使用該類別的建構式，串列解析式就會將範圍轉換成 GridLocation 的串列。因為 generate_domain() 針對每個單字從左上角到右下角以迴圈重複每個方格位置，所以它需要大量運算。你能想出更有效率的方法來完成這項工作嗎？如果我們在此迴圈一次查看所有相同長度的單字呢？

為了檢查可能的解決方案是否有效，我們必須為單字搜尋實作自定的限制。WordSearchConstraint 的 satisfied() 方法只針對某個字檢查建議的任何位置是否和另一個字建議的位置相同。它使用 set 完成這項工作。將 list 轉換成 set 將會刪除所有重複的項目。如果從 list 轉換的 set 裡的項目少於原本 list 裡的項目，就表示原本 list 包含了一些重複的項目。為了準備這項檢查的資料，我們將會使用略微複雜的串列解析式，將工作裡每個單字的多個位置子串列，合併成單一且更大的位置串列。

程式 3.14 word_search.py 承上

```
class WordSearchConstraint(Constraint[str, List[GridLocation]]):
    def __init__(self, words: List[str]) -> None:
        super().__init__(words)
        self.words: List[str] = words

    def satisfied(self, assignment: Dict[str, List[GridLocation]]) ->
     bool:
        # 如果有任何重複的方格位置，就有重疊
        all_locations = [locs for values in assignment.values() for
 locs in values]
        return len(set(all_locations)) == len(all_locations)
```

最後，我們準備好要執行它了。此例在 9 乘 9 方格裡有 5 個單字。我們得到的解決方案應該包含每個單字及其字母可放入方格位置之間的對映。

程式 3.15 word_search.py 承上

```
if __name__ == "__main__":
    grid: Grid = generate_grid(9, 9)
    words: List[str] = ["MATTHEW", "JOE", "MARY", "SARAH", "SALLY"]
    locations: Dict[str, List[List[GridLocation]]] = {}
    for word in words:
        locations[word] = generate_domain(word, grid)
    csp: CSP[str, List[GridLocation]] = CSP(words, locations)
    csp.add_constraint(WordSearchConstraint(words))
    solution: Optional[Dict[str, List[GridLocation]]] =
     csp.backtracking_search()
    if solution is None:
        print("No solution found!")
    else:
        for word, grid_locations in solution.items():
            # 隨機反轉一半的時間
            if choice([True, False]):
```

```
                grid_locations.reverse()
            for index, letter in enumerate(word):
                (row, col) = (grid_locations[index].row, grid_
    locations[index].column)
                grid[row][col] = letter
    display_grid(grid)
```

以上的程式碼有一段是以諸多單字填入方格，這有畫龍點睛的效果。程式會隨機的將一些單字顛倒過來顯示。這之所以能達到效果，是因為這個範例不允許重疊的單字。最後的執行結果應該會像以下所示；你找得到 Matthew、Joe、Mary、Sarah、Sally 嗎？

```
LWEHTTAMJ
MARYLISGO
DKOJYHAYE
IAJYHALAG
GYZJWRLGM
LLOTCAYIX
PEUTUSLKO
AJZYGIKDU
HSLZOFNNR
```

3.5 SEND+MORE=MONEY

SEND+MORE=MONEY 是一道密碼算術謎題，意思是它和找出替代字母的數字而讓這道算式成立有關。問題裡的每個字母代表 0 到 9 的某個數字，而且每個字母代表的數字都不同（例如若 a 代表 1，就不能再讓 b 代表 1），但是算式裡相同的字母代表相同的數字。

動手解決這道謎題將有助於排列以下單字。

```
  SEND
 +MORE
=MONEY
```

我們當然可以利用一點代數和直覺，自己用手來解決這個謎題。但只要寫個簡單的程式，直接計算所有可能的解決方案，就可以更快解決問題。讓我們將 SEND+MORE=MONEY 表示成限制滿足問題。

程式 3.16 send_more_money.py

```
from csp import Constraint, CSP
from typing import Dict, List, Optional

class SendMoreMoneyConstraint(Constraint[str, int]):
    def __init__(self, letters: List[str]) -> None:
        super().__init__(letters)
        self.letters: List[str] = letters

    def satisfied(self, assignment: Dict[str, int]) -> bool:
        # 若有重複的值就不是正解
        if len(set(assignment.values())) < len(assignment):
            return False

        # 若所有變數都已指定，檢查是否正確加入
        if len(assignment) == len(self.letters):
            s: int = assignment["S"]
            e: int = assignment["E"]
            n: int = assignment["N"]
            d: int = assignment["D"]
            m: int = assignment["M"]
            o: int = assignment["O"]
            r: int = assignment["R"]
            y: int = assignment["Y"]
            send: int = s * 1000 + e * 100 + n * 10 + d
            more: int = m * 1000 + o * 100 + r * 10 + e
            money: int = m * 10000 + o * 1000 + n * 100 + e * 10 + y
            return send + more == money
        return True # 不衝突
```

SendMoreMoneyConstraint 的 satisfied() 方法做了一些事情。首先，它會檢查有沒有字母重複代表相同的數字；如果有，這就是無效的解決方案，然後就傳回 False。接著它會檢查是不是指定了所有的字母；如果是，它會將各字母的值代入公式（SEND+MORE=MONEY）計算，看看正不正確。如果正確，就是找到了解決方案，而且會傳回 True；否則會傳回 False。最後，如果尚未指定所有字母，則會傳回 True；這是為了確保能繼續處理局部的解決方案。

來試著執行看看吧。

程式 3.17 send_more_money.py 承上

```
if __name__ == "__main__":
    letters: List[str] = ["S", "E", "N", "D", "M", "O", "R", "Y"]
    possible_digits: Dict[str, List[int]] = {}
    for letter in letters:
        possible_digits[letter] = [0, 1, 2, 3, 4, 5, 6, 7, 8, 9]
    possible_digits["M"] = [1]  # 所以不會得到 0 開頭的答案
    csp: CSP[str, int] = CSP(letters, possible_digits)
    csp.add_constraint(SendMoreMoneyConstraint(letters))
    solution: Optional[Dict[str, int]] = csp.backtracking_search()
    if solution is None:
        print("No solution found!")
    else:
        print(solution)
```

你會注意到我們預先指定了字母 M 的答案，這是為了確保不會有 M 等於 0 的答案，因為如果你仔細想想，就會發現我們的限制並沒有數字不能從零開始的概念。你可以試著不預先指定答案，看看會有什麼樣的結果。

最後的結果看起來應該是這樣的：

```
{'S': 9, 'E': 5, 'N': 6, 'D': 7, 'M': 1, 'O': 0, 'R': 8, 'Y': 2}
```

3.6 電路板佈局

製造商需要將某些矩形晶片裝配到矩形電路板，基本上，這個問題的重點是「幾個不同大小的矩形要怎麼才能完全剛好的裝入另一個矩形裡？」，限制滿足問題的解答器可以找到它的解決方案。此問題如圖 3.5 所述。

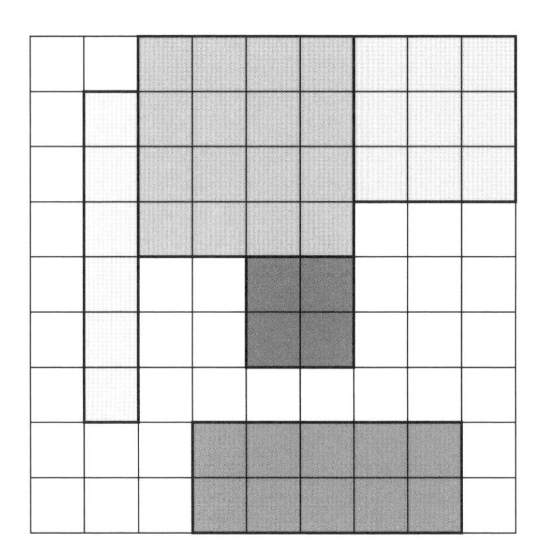

圖 3.5　電路板佈局問題和單字搜尋問題非常相似，但前者的矩形寬度並不固定。

電路板佈局問題很類似單字搜尋問題，不同的是前者並非 $1 \times N$ 矩形（單字），而是 $M \times N$ 矩形。但和單字搜尋問題一樣的是矩形不能重複。此外，矩形不能放在對角線，因此就這方面而言，這個問題實際上是比單字搜尋簡單。

請試著自己依照單字搜尋解決方案來重寫電路板佈局。其中很多程式碼都能重複使用，包括方格的程式碼。

3.7　現實世界的應用

正如本章的介紹提到的，限制滿足問題的解答器常會用在排程。若干人需要出席會議，他們就是變數。值域是由他們行事曆上的公開時間所組成。限制可能和需要出席會議的人員搭配有關。

限制滿足問題的解答器也用在動作規劃。想像一下需要裝進管筒裡的機器手臂，它有限制（管壁）、變數（關節）和值域（關節可能的動作）。

限制滿足也能應用在運算生物學，你可以想像化學反應必要的分子間的限制。當然，就像遊戲裡經常用到 AI，遊戲裡也廣泛應用了限制滿足。編寫數獨解答器是以下練習的題目之一，但利用限制滿足問題的求解方式，可以解決許多邏輯難題。

我們在本章建置了簡單的回溯、深度優先搜尋的解決問題的框架。但是再加入啟發方式（還記得 A* 嗎？）還能大幅加以改良——有助於搜尋過程的直覺。比回溯還新的技術（稱為**限制傳播**）也是現實應用的有效途徑。進一步資訊可參閱《*Artificial Intelligence: A Modern Approach*》第 3 版的第 6 章（Stuart Russell 和 Peter Norvig 著作，Pearson 2010 年出版）。

3.8 練習

1 修改 `WordSearchConstraint`，讓它允許重疊的字母。

2 如果你還沒做的話，請製作本章 3.6 節所述的電路板佈局問題解答器。

3 請利用本章的限制滿足問題解答框架製作可解決數獨問題的程式。

4 圖形問題

圖形是抽象的數學結構，藉著將問題切分成一組相連接的節點，可用來將現實世界的問題予以模型化。我們將這種節點稱為**頂點**，並將其中相連接之處稱為**邊**。舉例來說，可以將地鐵地圖想成是表示交通運輸網絡的圖形，其中每個點表示 1 站、每條線表示兩站之間的路徑。若以圖形術語表示，這些站點就稱為「頂點」，而路徑則稱為「邊」。

這為什麼會有用？圖形不只有助於我們抽象思考問題，還能讓我們應用數種眾所周知且效能很好的搜尋和最佳化技術。例如上述地鐵的例子，假設我們想要知道某兩站之間的最短路徑，又或假設我們想知道連接所有地鐵站所需要的最小軌道數量。你從本章學習的圖形演算法可以解決這些問題。此外，圖形演算法也可以用在任何類型的網絡問題，不只是交通運輸網絡。想想電腦網路、分散式網路和公共設施網絡。利用圖形演算法可以解決所有跨越這些空間的搜尋和最佳化的問題。

4.1 地圖就是圖形

我們在本章不會處理地鐵站的圖形，而是改用美國城市和它們之間的潛在路線。根據美國人口普查局的估算[1]，圖 4.1 是美國大陸及其 15 個最大的都會統計區（metropolitan statistical areas，MSA）的地圖。

1 資料來自美國人口普查局的 American Fact Finder：https://factfinder.census.gov/。

圖 4.1 美國 15 個最大的都會統計區的地圖。

知名企業家伊隆 • 馬斯克（Elon Musk）建議建造一條在加壓的輸送管裡移動的膠囊所組成的全新高速運輸網絡。根據馬斯克的說法，膠囊將以每小時 700 英里的速度移動，對距離不到 900 英里的城市之間是很經濟有效的交通方式[2]。他將這種新的運輸系統稱為 "Hyperloop"。我們在本章即將探討構建這個運輸網絡的經典圖形問題。

馬斯克一開始提議的是連接洛杉磯和舊金山的 Hyperloop 想法，如果要建立全國的 Hyperloop 網絡，在美國最大的都會區之間執行這樣的計畫就很有意義。圖 4.2 刪掉了圖 4.1 裡的州界線。此外，每個 MSA 都與其某些鄰近的城市相連。為了讓此圖形更有趣，這些鄰近的城市並不一定是它最近的城市。

圖 4.2 包括了代表美國 15 個最大 MSA 的頂點，而邊緣則表示城市之間潛在的 Hyperloop 路徑。選擇這些路徑是為了說明。可以確定的是其他潛在路徑可能是新的 Hyperloop 網絡的其中一部分。

這個現實世界問題的抽象呈現，突顯了圖形的威力。藉著這種抽象化，我們可以忽略美國的地理位置而完全專注思考城市連接脈絡下的 Hyperloop 網絡。事實上，只要我們保持相同的邊，就能以不同外觀的圖形來思考

2 Elon Musk,《Hyperloop Alpha》, http://mng.bz/chmu.

這個問題。例如圖 4.3，邁阿密的位置已經移動了。但就算邁阿密不在我們預期的位置，抽象呈現的圖 4.3 還是可以解決圖 4.2 裡相同的基礎運算問題。但為了不因錯誤的位置而錯亂，我們會堅持使用圖 4.2 裡所呈現的方式。

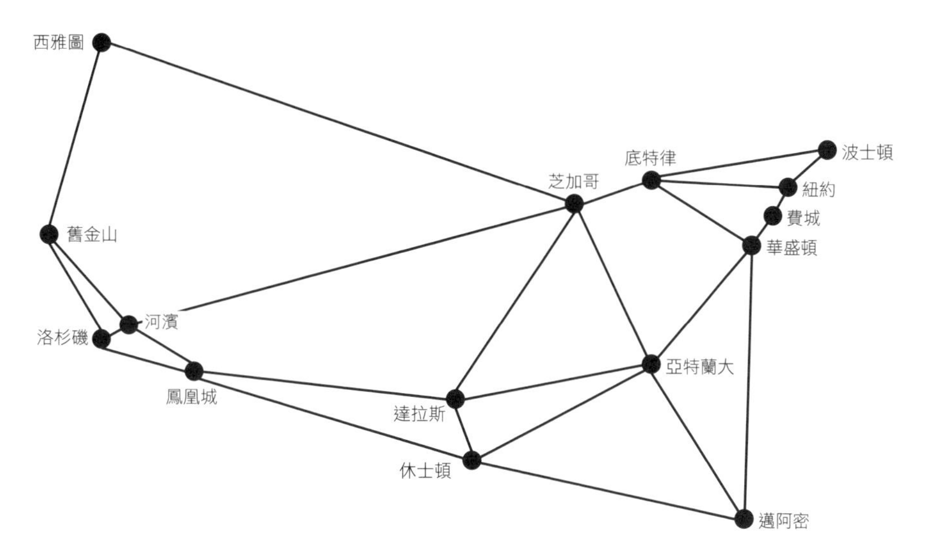

圖 4.2　此圖內含代表美國最大的 15 個 MSA 的頂點和代表它們之間潛在的 Hyperloop 路徑的邊緣。

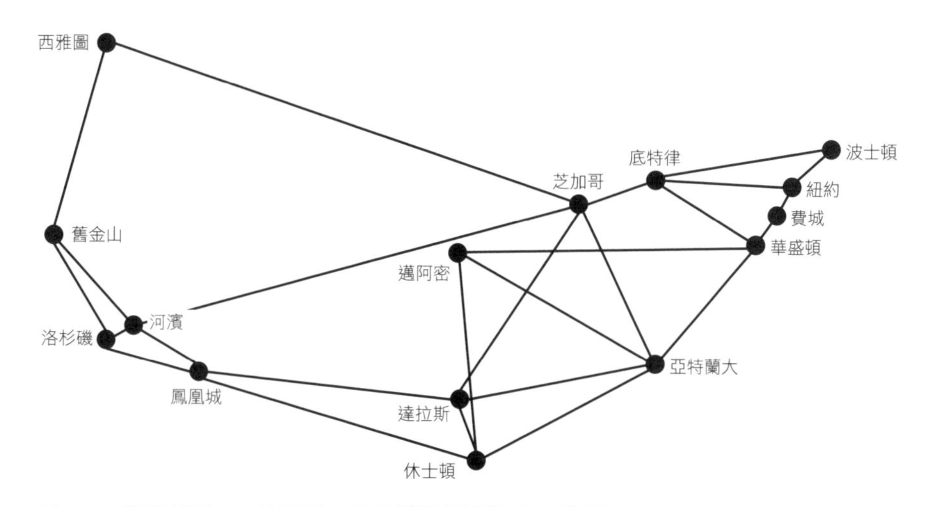

圖 4.3　等同於圖 4.2 的圖形，只是移動了邁阿密的位置。

4.2 建置圖形框架

我們可以不同的風格來編寫 Python，但是 Python 的核心仍然是物件導向的程式語言。我們將在本節定義兩種不同類型的圖形：未加權及加權。加權圖形是將每個邊賦與權重值（讀出數，例如我們例子裡的長度），我們將在本章稍後討論加權圖形。

我們將利用繼承模型，這是 Python 物件導向類別階層架構的基礎，因此我們不會重複做一些做過的工作。我們的資料模型裡的加權類別將是它們未加權版本的子類別，這樣做可繼承大部分的功能，而只需針對加權圖形與未加權圖形特性的不同做一點小小的調整。

我們想讓這個圖形框架盡可能保有彈性，以便它足以代表更多不同的問題。為了達到這項目標，我們使用泛型將頂點的類型予以抽象化，每個頂點最終會賦予 1 個整數索引，但會將它儲存成使用者定義的泛型型別。

讓我們從定義 Edge 類別開始這個框架的工作，這個類別是我們的圖形框架裡最簡單的結構。

程式 4.1 edge.py

```python
from __future__ import annotations
from dataclasses import dataclass


@dataclass
class Edge:
    u: int # 起始點頂
    v: int # 目的頂點

    def reversed(self) -> Edge:
        return Edge(self.v, self.u)

    def __str__(self) -> str:
        return f"{self.u} -> {self.v}"
```

我們將 Edge 定義成兩個頂點之間的連接，每個頂點以整數索引表示。照慣例，u 用來表示第 1 個頂點，而 v 用來表示第 2 個頂點。你也可以將 u 視為「起點」，將 v 視為「終點」。我們在本章只會處理無向圖形（帶有允許雙向移動的邊的圖形），但在**有向圖**（*directed graphs* 或 *digraphs*）裡，邊也可以是單向。reversed() 方法意味著會傳回沿著相反方向移動的 Edge。

NOTE Edge 類別使用了 Python 3.7 的新功能：dataclass。標註了 @dataclass 修飾器的類別，以自動化的方式建立了 `__init__()` 方法來節省一些時間，而這個方法會替類別主體裡任何宣告成型別註解的變數產生實體變數。dataclass 也可以替類別自動建立其他特殊方法，這些自動建立的特殊方法能以修飾器加以設定配置。dataclass 的細節可參閱 Python 文件（https://docs.python.org/3/library/dataclasses.html）。簡單來說，dataclass 是一種節省打字時間的方式。

Graph 類別的重點在於圖形的基本作用：結合頂點和邊緣。同樣地，我們想讓頂點的實際型別成為框架使用者需要的任何型別。這讓框架不需製作粘合所有內容的中介資料結構就能用在各種問題。例如，在類似 Hyperloop 路徑的某種圖形，我們可以將頂點的型別定義成 str，因為我們將會使用像是“New York”和“Los Angeles”之類的字串作為頂點。以下就是 Graph 類別。

程式 4.2 graph.py

```
from typing import TypeVar, Generic, List, Optional
from edge import Edge

V = TypeVar('V') # 圖形裡的頂點型別

class Graph(Generic[V]):
    def __init__(self, vertices: List[V] = []) -> None:
        self._vertices: List[V] = vertices
        self._edges: List[List[Edge]] = [[] for _ in vertices]
```

_vertices 串列是 Graph 的核心。雖然每個頂點都將儲存在串列裡，但我們後續會以串列裡的整數索引來參照它們。頂點本身雖然可能是複雜的資料型別，但它的索引必定是很容易處理使用的 int。就另一個層面，將這個索引放在圖形演算法和 _vertices 陣列之間，它允許我們在同一圖形擁有兩個相等的頂點（試著想像國家的城市作為頂點的圖形，而該國有好幾個名為「春田」的城市）。就算它們的名稱相同，也會有不同的整數索引。

有很多方式可以實作圖形資料結構，但最常見的兩種作法是使用**頂點矩陣**（*vertex matrix*）或**相鄰串列**（*adjacency list*）。在頂點矩陣，矩陣的每個方格表示圖形兩個頂點的交集，並且該方格的值表示它們之間的連接（或欠缺的連接）。我們的圖形資料結構使用相鄰串列。在這個圖形的表示方式，每個頂點都有一個與其連接的頂點串列。我們特定的表示方式使用邊串列的串列，所以每個頂點都有一個頂點連接到其他頂點的邊串列。_edges 就是這個串列的串列。

以下是 Graph 類別剩下的全部內容。你會注意到我們使用了短短大概是一行的方法，配合詳細且清晰的方法名稱。這應該會讓類別的其餘部分大多可以自我解釋，但為了不讓你產生誤解，其中還是包含了簡短的註解。

程式 4.3 graph.py 承上

```
@property
def vertex_count(self) -> int:
    return len(self._vertices) # 頂點數量

@property
def edge_count(self) -> int:
    return sum(map(len, self._edges)) # 邊的數量

# 加入頂點到圖形並傳回它的索引
def add_vertex(self, vertex: V) -> int:
    self._vertices.append(vertex)
    self._edges.append([]) # 加入包含邊的空串列
    return self.vertex_count - 1 # 傳回已加入頂點的索引

# 這是無方向圖形
# 所以總在兩個方向都加入邊
def add_edge(self, edge: Edge) -> None:
    self._edges[edge.u].append(edge)
    self._edges[edge.v].append(edge.reversed())

# 使用頂點索引加入邊（方便的作法）
def add_edge_by_indices(self, u: int, v: int) -> None:
    edge: Edge = Edge(u, v)
    self.add_edge(edge)

# 以尋找頂點索引加入邊（方便的作法）
def add_edge_by_vertices(self, first: V, second: V) -> None:
    u: int = self._vertices.index(first)
    v: int = self._vertices.index(second)
```

```
        self.add_edge_by_indices(u, v)

    # 尋找特定索引裡的頂點
    def vertex_at(self, index: int) -> V:
        return self._vertices[index]

    # 尋找圖形裡的頂點索引
    def index_of(self, vertex: V) -> int:
        return self._vertices.index(vertex)

    # 尋找某個索引的頂點所連接到的頂點
    def neighbors_for_index(self, index: int) -> List[V]:
        return list(map(self.vertex_at, [e.v for e in self._edges[index]]))

    # 尋找頂點的索引並尋找它的鄰居（方便的作法）
    def neighbors_for_vertex(self, vertex: V) -> List[V]:
        return self.neighbors_for_index(self.index_of(vertex))

    # 在某個索引傳回和頂點關聯的所有邊
    def edges_for_index(self, index: int) -> List[Edge]:
        return self._edges[index]

    # 尋找頂點的索引並傳回它的邊
    def edges_for_vertex(self, vertex: V) -> List[Edge]:
        return self.edges_for_index(self.index_of(vertex))

    # 讓圖形易於精緻列印
    def __str__(self) -> str:
        desc: str = ""
        for i in range(self.vertex_count):
            desc += f"{self.vertex_at(i)} -> {self.neighbors_for_index(
                    i)}\n"
        return desc
```

讓我們退一步想一想，為什麼這個類別大多數的方法會有兩個版本。我們從類別定義知道串列 _vertices 是 V 型別的元素串列（V 型別可以是任何 Python 類別）。所以我們有儲存在 _vertices 串列裡的 V 型頂點。但如果我們想在之後重新取得或操作它們，就需要知道它們儲存在串列裡的位置。因此，每個頂點在陣列裡都有 1 個與它關聯的索引（整數）。如果不知道頂點的索引，我們需要透過搜尋 _vertices 來找到它。這就是每個方法都有兩個版本的原因。一個在 int 索引上運作，一個在 V 本身運作。在 V 運作的方法查詢相關索引並且呼叫另一個在索引運作的函式。因此，可以將它們視為便利方法。

大部分函式都很容易直接看出含意，但 neighbors_for_index() 值得寫點開箱文。它會傳回頂點的*鄰居*（*neighbor*），而頂點的鄰居就是透過邊直接連接到它的所有其他頂點。例如圖 4.2，紐約和華盛頓是費城唯二的鄰居。藉著檢查從頂點出去的所有邊的終點（vs），就可以找到它的鄰居。

```
def neighbors_for_index(self, index: int) -> List[V]:
    return list(map(self.vertex_at, [e.v for e in self._edges[index]]))
```

_edges[index] 是相鄰串列，也就是所討論的頂點經過其連接到其他頂點的邊串列。在傳給呼叫 map() 的串列解析式裡，e 表示某個特定的邊，e.v 表示邊連接到的鄰居的索引。map() 將傳回所有頂點（而不只是它們的索引），因為 map() 在每個 e.v 套用了 vertex_at() 方法。

另一個要注意的重點是 add_edge() 的運作方式。add_edge() 首先將邊加到「起點」頂點（u）的相鄰串列，然後將邊的反向版本加到「終點」頂點（v）的相鄰串列。第 2 個步驟一定要有，因為這是個無向圖形。我們希望在兩個方向都加入每個邊，這意味著 u 將會是 v 的鄰居，就如同 v 是會 u 的鄰居。你可以將無向圖形視為「雙向」，如果這有助於你記住它其實意味著任何邊都能在任一方向移動的話。

```
def add_edge(self, edge: Edge) -> None:
    self._edges[edge.u].append(edge)
    self._edges[edge.v].append(edge.reversed())
```

如前所述，我們在本章只處理無向圖形。除了無向或有向，圖形也可以是*未加權*或*加權*。加權圖形在與其相關的每個邊緣擁有一些可以比較的值（通常是數值）。我們可以將潛在的 Hyperloop 網絡裡的加權視為站點之間的距離。不過我們現在只處理圖形的未加權版本。未加權的邊只是兩個頂點之間的連接，因此，Edge 類別就是未加權，而 Graph 類別也是未加權。至於另一種處理方式，則是我們會知道在未加權圖形裡已經連接了哪些頂點；而在加權圖形中，除了已經連接的頂點，也會知道這些連接的某些資訊。

4.2.1 處理邊和圖形

現在我們已經具體實作了 Edge 和 Graph，接著可以建立潛在 Hyperloop 網絡的表示方式。city_graph 裡的頂點和邊相當於圖 4.2 所呈現的頂點和邊。使用泛型，我們可以將頂點的型別指定成 str（Graph[str]）。也就是說，型別變數 V 填入了 str 型別。

程式 4.4 graph.py 承上

```
if __name__ == "__main__":
    # 測試基本 Graph 構造
    city_graph: Graph[str] = Graph(["Seattle", "San Francisco",
     "Los Angeles", "Riverside", "Phoenix", "Chicago", "Boston",
     "New York", "Atlanta", "Miami", "Dallas", "Houston", "Detroit",
     "Philadelphia", "Washington"])
    city_graph.add_edge_by_vertices("Seattle", "Chicago")
    city_graph.add_edge_by_vertices("Seattle", "San Francisco")
    city_graph.add_edge_by_vertices("San Francisco", "Riverside")
    city_graph.add_edge_by_vertices("San Francisco", "Los Angeles")
    city_graph.add_edge_by_vertices("Los Angeles", "Riverside")
    city_graph.add_edge_by_vertices("Los Angeles", "Phoenix")
    city_graph.add_edge_by_vertices("Riverside", "Phoenix")
    city_graph.add_edge_by_vertices("Riverside", "Chicago")
    city_graph.add_edge_by_vertices("Phoenix", "Dallas")
    city_graph.add_edge_by_vertices("Phoenix", "Houston")
    city_graph.add_edge_by_vertices("Dallas", "Chicago")
    city_graph.add_edge_by_vertices("Dallas", "Atlanta")
    city_graph.add_edge_by_vertices("Dallas", "Houston")
    city_graph.add_edge_by_vertices("Houston", "Atlanta")
    city_graph.add_edge_by_vertices("Houston", "Miami")
    city_graph.add_edge_by_vertices("Atlanta", "Chicago")
    city_graph.add_edge_by_vertices("Atlanta", "Washington")
    city_graph.add_edge_by_vertices("Atlanta", "Miami")
    city_graph.add_edge_by_vertices("Miami", "Washington")
    city_graph.add_edge_by_vertices("Chicago", "Detroit")
    city_graph.add_edge_by_vertices("Detroit", "Boston")
    city_graph.add_edge_by_vertices("Detroit", "Washington")
    city_graph.add_edge_by_vertices("Detroit", "New York")
    city_graph.add_edge_by_vertices("Boston", "New York")
    city_graph.add_edge_by_vertices("New York", "Philadelphia")
    city_graph.add_edge_by_vertices("Philadelphia", "Washington")
    print(city_graph)
```

city_graph 擁有 str 型別的頂點，而我們以它所代表的 MSA 名稱來表示每個頂點。這與我們將邊加到 city_graph 的順序無關。

因為我們的 `__str__()` 實作了精緻的列印功能，現在可以漂亮的印出圖形。你應該會得到類似以下的輸出結果：

```
Seattle -> ['Chicago', 'San Francisco']
San Francisco -> ['Seattle', 'Riverside', 'Los Angeles']
Los Angeles -> ['San Francisco', 'Riverside', 'Phoenix']
Riverside -> ['San Francisco', 'Los Angeles', 'Phoenix', 'Chicago']
Phoenix -> ['Los Angeles', 'Riverside', 'Dallas', 'Houston']
Chicago -> ['Seattle', 'Riverside', 'Dallas', 'Atlanta', 'Detroit']
Boston -> ['Detroit', 'New York']
New York -> ['Detroit', 'Boston', 'Philadelphia']
Atlanta -> ['Dallas', 'Houston', 'Chicago', 'Washington', 'Miami']
Miami -> ['Houston', 'Atlanta', 'Washington']
Dallas -> ['Phoenix', 'Chicago', 'Atlanta', 'Houston']
Houston -> ['Phoenix', 'Dallas', 'Atlanta', 'Miami']
Detroit -> ['Chicago', 'Boston', 'Washington', 'New York']
Philadelphia -> ['New York', 'Washington']
Washington -> ['Atlanta', 'Miami', 'Detroit', 'Philadelphia']
```

4.3 找出最短路徑

Hyperloop 的速度如此之快，使得在最佳化兩站之間的移動時間時，各站之間的距離已經無關緊要，而是其間要經過多少站。每站可能需要停靠，所以就像搭飛機旅行，停靠站越少越好。

在圖論裡，將連接兩個頂點的一組邊稱為**路徑**（*path*）。也就是說，路徑是從某個頂點到另一個頂點的路線。在 Hyperloop 網絡的脈絡裡，一組輸送管（邊）表示從某個城市（頂點）到另一個城市（頂點）的路徑。找出頂點之間的最佳路徑是使用圖形的最常見問題。

我們也可以簡單的將一組以邊互相連接的頂點看成路徑。這樣的描述實際上只是另一種觀點，它就像取得一組邊，找出它們連接的頂點，保留這組頂點，然後扔掉那些邊。在這個簡短的例子，我們將找到 Hyperloop 上連接兩個城市的那些頂點。

4.3.1 再探寬度優先搜尋（BFS）

找出未加權圖形裡的最短路徑，就意味著找到起始頂點和目的頂點之間邊最少的路徑。要建置 Hyperloop 網絡，優先連接最遠的人口稠密沿海城市可能很有意義。這引發了如下的問題「波士頓和邁阿密之間的最短路徑為何？」

TIP 這一節假設您已經讀過第 2 章。繼續以下的內容之前，請先確定你已經掌握第 2 章寬度優先搜尋的素材。

很幸運的是我們已經有了找出最短路徑的演算法，可以重複使用它來回答這個問題。第 2 章介紹的寬度優先搜尋對圖形和迷宮一樣可行。事實上，我們在第 2 章處理的迷宮也的確是圖形；頂點是迷宮裡的位置，邊則可以從某個位置移動到另一個位置。寬度優先搜尋將能在未加權的圖形裡找出任兩個頂點之間的最短路徑。

我們可以重複使用第 2 章寬度優先搜尋的實作物，並使用它來處理 `Graph`。事實上，我們可以完全不做任何改變的重複使用它。這是編寫通用化程式碼的強大之處！

回想一下第 2 章的 `bfs()` 需要 3 個參數：初始狀態、以測試為目標的 `Callable`（讀取類似函式的物件）、以及找出特定狀態的後繼狀態的 `Callable`。初始狀態將會是以字串「Boston」所表示的頂點。目標測試會是檢查頂點是否等於「Miami」的 lambda。最後，`Graph` 方法的 `neighbors_for_vertex()` 可以產生後繼頂點。

考慮到這樣的方式，我們可以在 graph.py 主要部分的結尾加入程式碼，來找出 `city_graph` 上波士頓和邁阿密之間的最短路線。

NOTE 在程式 4.5，`bfs`、`Node`、`node_to_path` 都是從 `Chapter2` 套件裡的 `generic_search` 模組匯入。為了完成這樣的工作，要將 graph.py 的父目錄加到 Python 的搜尋路徑（`'..'`）。這之所能運作，是因為這本書儲藏程式碼的結構是將每章的程式碼放在它自己的目錄，所以我們的目錄結構大致包含了 Book->Chapter2->generic_search.py 和 Book->Chapter4->graph.py。如果你的目錄結構明顯不同，就需要能將 generic_search.py 加到你的路徑，並且說不定需要更改 `import` 陳述式。在最糟的情況，你只要將 generic_search.py 複製到包含 graph.py 的同一目錄，並將 `import` 陳述式改成 `from generic_search import bfs, Node, node_to_path`。

程式 4.5 graph.py 承上

```
# 在 city_graph 重用第 2 章的 BFS
import sys
sys.path.insert(0, '..') # 所以我們可以在父目錄存取第 2 章的套件
from Chapter2.generic_search import bfs, Node, node_to_path

bfs_result: Optional[Node[V]] = bfs("Boston", lambda x: x == "Miami",
     city_graph.neighbors_for_vertex)
if bfs_result is None:
    print("No solution found using breadth-first search!")
else:
    path: List[V] = node_to_path(bfs_result)
    print("Path from Boston to Miami:")
    print(path)
```

程式的結果應該會像這樣：

```
Path from Boston to Miami:
['Boston', 'Detroit', 'Washington', 'Miami']
```

波士頓到底特律到華盛頓到邁阿密（由 3 條邊所組成），是波士頓和邁阿密之間就邊的數量而言的最短路徑。圖 4.4 特別標出了這條路徑。

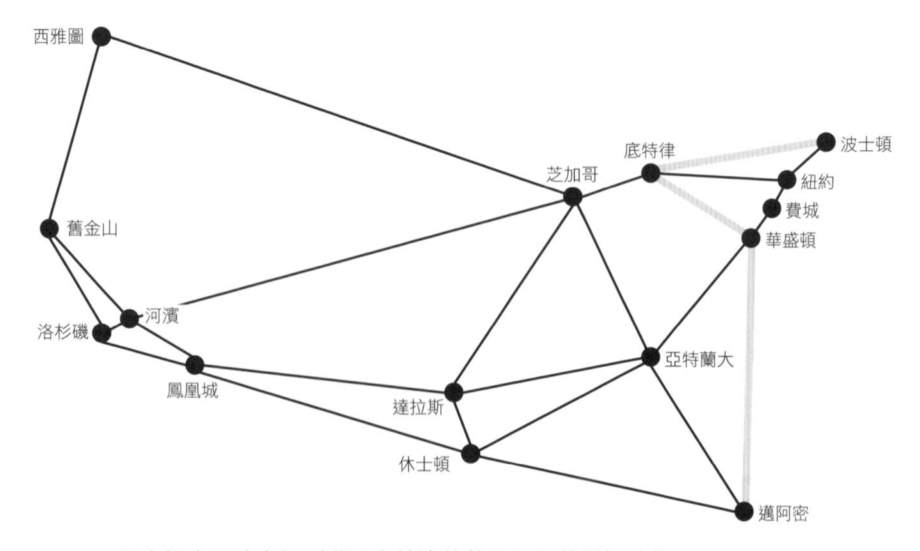

圖 4.4 圖中標出了波士頓到邁阿密就邊的數量而言的最短路徑。

4.4 將網絡建置成本降到最低

試著想像我們要將 15 個最大的 MSA 全都連接到 Hyperloop 網絡，而目標是能以最低的成本來推出這個網絡，也就是要將軌道的數量降到最低。那麼問題是「我們怎麼如何使用最少的軌道數量連接所有的 MSA ？」

4.4.1 以加權的方式處理

為了瞭解特定的邊可能需要的軌道數量，我們需要知道那些邊所代表的距離。這是重新介紹加權概念的機會。在 Hyperloop 網絡裡，邊的加權是它所連接的兩個 MSA 之間的距離。圖 4.5 和圖 4.2 的不同之處在於每個邊加入了加權，表示邊所連接的兩個頂點之間的距離（以英里為單位）。

為了處理加權，我們需要 `Edge` 子類別（`WeightedEdge`）和 `Graph` 子類別（`WeightedGraph`）。每個 `WeightedGraph` 都記錄其加權值的 `float`。我們將很快介紹的亞爾尼克演算法（Jarník's algorithm），必須能夠比較兩條邊而以此確定哪一條邊的加權最低。使用數值加權很容易就能做到這一點。

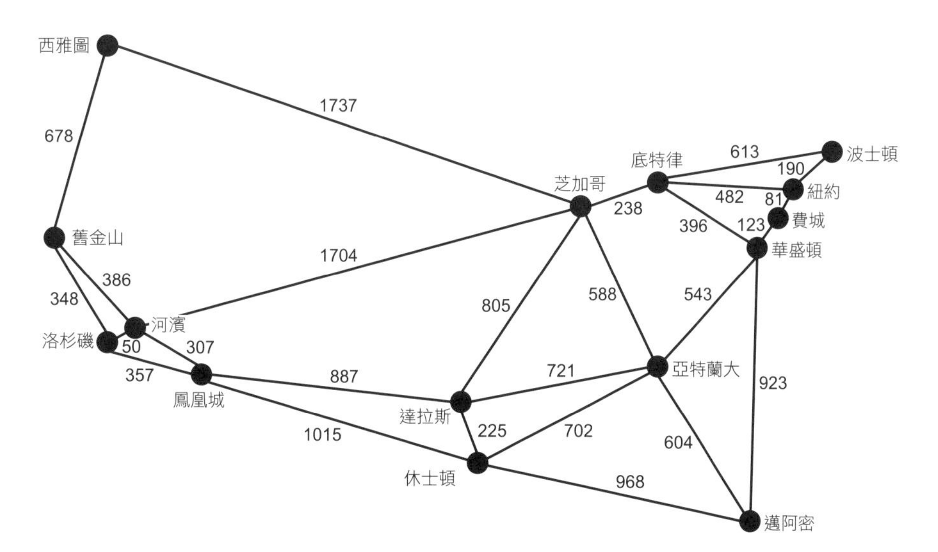

圖 4.5 美國 15 個最大 MSA 的加權圖，其中每個加權代表兩個 MSA 之間以英里為單位的距離。

程式 4.6 weighted_edge.py

```
from __future__ import annotations
from dataclasses import dataclass
from edge import Edge

@dataclass
class WeightedEdge(Edge):
    weight: float

    def reversed(self) -> WeightedEdge:
        return WeightedEdge(self.v, self.u, self.weight)

    # 所以我們可以依照 weight 排出邊緣的順序來找出最小的加權邊緣
    def __lt__(self, other: WeightedEdge) -> bool:
        return self.weight < other.weight

    def __str__(self) -> str:
        return f"{self.u} {self.weight}> {self.v}"
```

WeightedEdge 的實作物和 Edge 的實作物並沒有太大不同，差別只在加了 weight 屬性，以及藉由 __lt__() 實作的 < 運算子，以便我們能比較兩個 WeightedEdge。< 運算子只對檢查加權有興趣（而不理會繼承的屬性 u 和 v），因為亞爾尼克演算法只想找到最小的加權邊緣。

WeightedGraph 從 Graph 繼承了大部分功能。此外，它有初始方法：具備很方便就能加入 WeightedEdges 的方法，而且實作了自己的 __str__() 版本。而 neighbors_for_index_with_weights() 也是新方法，這不只能傳回每個鄰居，還可以傳回連到鄰居的邊的加權。這個方法對 __str__() 的新版本非常實用。

程式 4.7 weighted_graph.py

```
from typing import TypeVar, Generic, List, Tuple
from graph import Graph
from weighted_edge import WeightedEdge

V = TypeVar('V') # 圖形裡頂點的型別


class WeightedGraph(Generic[V], Graph[V]):
    def __init__(self, vertices: List[V] = []) -> None:
        self._vertices: List[V] = vertices
```

```
        self._edges: List[List[WeightedEdge]] = [[] for _ in vertices]

    def add_edge_by_indices(self, u: int, v: int, weight: float) ->
     None:
        edge: WeightedEdge = WeightedEdge(u, v, weight)
        self.add_edge(edge) # 呼叫超類別版本

    def add_edge_by_vertices(self, first: V, second: V, weight: float)
     -> None:
        u: int = self._vertices.index(first)
        v: int = self._vertices.index(second)
        self.add_edge_by_indices(u, v, weight)


    def neighbors_for_index_with_weights(self, index: int) ->
     List[Tuple[V, float]]:
        distance_tuples: List[Tuple[V, float]] = []
        for edge in self.edges_for_index(index):
            distance_tuples.append((self.vertex_at(edge.v), edge.
             weight))
        return distance_tuples

    def __str__(self) -> str:
        desc: str = ""
        for i in range(self.vertex_count):
            desc += f"{self.vertex_at(i)} -> {self.neighbors_for_index_
     with_weights(i)}\n"
        return desc
```

現在可以實際定義加權圖形了。我們即將處理的加權圖形是圖 4.5，稱為 city_graph2。

程式 4.8　weighted_graph.py 承上

```
if __name__ == "__main__":
    city_graph2: WeightedGraph[str] = WeightedGraph(["Seattle", "San
     Francisco", "Los Angeles", "Riverside", "Phoenix", "Chicago",
     "Boston", "New York", "Atlanta", "Miami", "Dallas", "Houston",
     "Detroit", "Philadelphia", "Washington"])

    city_graph2.add_edge_by_vertices("Seattle", "Chicago", 1737)
    city_graph2.add_edge_by_vertices("Seattle", "San Francisco", 678)
    city_graph2.add_edge_by_vertices("San Francisco", "Riverside", 386)
    city_graph2.add_edge_by_vertices("San Francisco", "Los Angeles",
     348)
    city_graph2.add_edge_by_vertices("Los Angeles", "Riverside", 50)
```

```
city_graph2.add_edge_by_vertices("Los Angeles", "Phoenix", 357)
city_graph2.add_edge_by_vertices("Riverside", "Phoenix", 307)
city_graph2.add_edge_by_vertices("Riverside", "Chicago", 1704)
city_graph2.add_edge_by_vertices("Phoenix", "Dallas", 887)
city_graph2.add_edge_by_vertices("Phoenix", "Houston", 1015)
city_graph2.add_edge_by_vertices("Dallas", "Chicago", 805)
city_graph2.add_edge_by_vertices("Dallas", "Atlanta", 721)
city_graph2.add_edge_by_vertices("Dallas", "Houston", 225)
city_graph2.add_edge_by_vertices("Houston", "Atlanta", 702)
city_graph2.add_edge_by_vertices("Houston", "Miami", 968)
city_graph2.add_edge_by_vertices("Atlanta", "Chicago", 588)
city_graph2.add_edge_by_vertices("Atlanta", "Washington", 543)
city_graph2.add_edge_by_vertices("Atlanta", "Miami", 604)
city_graph2.add_edge_by_vertices("Miami", "Washington", 923)
city_graph2.add_edge_by_vertices("Chicago", "Detroit", 238)
city_graph2.add_edge_by_vertices("Detroit", "Boston", 613)
city_graph2.add_edge_by_vertices("Detroit", "Washington", 396)
city_graph2.add_edge_by_vertices("Detroit", "New York", 482)
city_graph2.add_edge_by_vertices("Boston", "New York", 190)
city_graph2.add_edge_by_vertices("New York", "Philadelphia", 81)
city_graph2.add_edge_by_vertices("Philadelphia", "Washington", 123)

print(city_graph2)
```

因為 WeightedGraph 實作了 __str__()，因此我們可以精美的印出 city_graph2。你將會在印出的結果裡面看到每個頂點連接到的頂點，以及這些連接的加權。

```
Seattle -> [('Chicago', 1737), ('San Francisco', 678)]
San Francisco -> [('Seattle', 678), ('Riverside', 386), ('Los Angeles',
    348)]
Los Angeles -> [('San Francisco', 348), ('Riverside', 50), ('Phoenix',
    357)]
Riverside -> [('San Francisco', 386), ('Los Angeles', 50), ('Phoenix',
    307), ('Chicago', 1704)]
Phoenix -> [('Los Angeles', 357), ('Riverside', 307), ('Dallas', 887),
    ('Houston', 1015)]
Chicago -> [('Seattle', 1737), ('Riverside', 1704), ('Dallas', 805),
    ('Atlanta', 588), ('Detroit', 238)]
Boston -> [('Detroit', 613), ('New York', 190)]
New York -> [('Detroit', 482), ('Boston', 190), ('Philadelphia', 81)]
Atlanta -> [('Dallas', 721), ('Houston', 702), ('Chicago', 588),
    ('Washington', 543), ('Miami', 604)]
Miami -> [('Houston', 968), ('Atlanta', 604), ('Washington', 923)]
Dallas -> [('Phoenix', 887), ('Chicago', 805), ('Atlanta', 721),
    ('Houston', 225)]
```

```
Houston -> [('Phoenix', 1015), ('Dallas', 225), ('Atlanta', 702),
     ('Miami', 968)]
Detroit -> [('Chicago', 238), ('Boston', 613), ('Washington', 396),
     ('New York', 482)]
Philadelphia -> [('New York', 81), ('Washington', 123)]
Washington -> [('Atlanta', 543), ('Miami', 923), ('Detroit', 396),
     ('Philadelphia', 123)]
```

4.4.2 找出最小生成樹

樹是一種在任意兩個頂點之間只有一條路徑的特殊圖形，這意味著樹裡面沒有**循環**（有時候這稱為**非循環**）。循環可以視為迴圈：如果可以從起始頂點尋訪圖形，完全不重複任何邊緣，並且回到相同的起始頂點，就表示這個圖形包括了 1 個循環。任何不是樹的圖形都可以藉著裁剪它的邊而成為樹。圖 4.6 就是裁剪它的邊而將圖形轉換成樹。

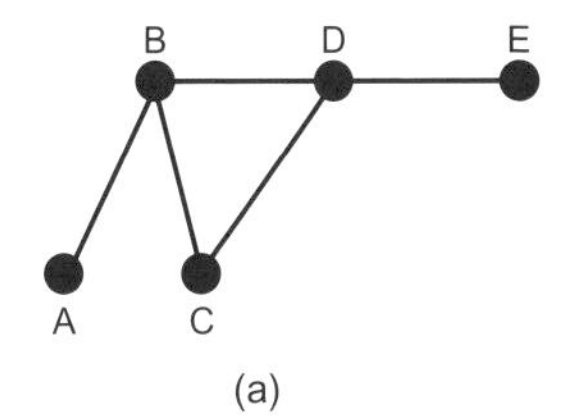

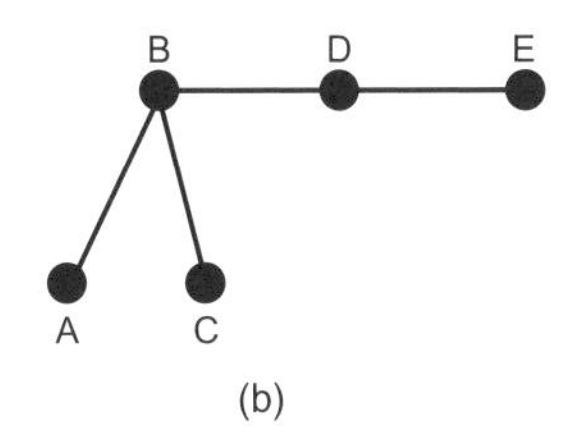

圖 4.6　左圖的 B、C、D 頂點之間存在著 1 個循環，因此左圖不是樹。而右圖的邊連接到 C，D 則遭到裁剪，因此右圖是樹。

連接圖是一種能夠以某些方式從任何頂點到其他任何頂點的圖形（我們在本章看到的所有圖形都是連接的）。**生成樹**是圖形裡每個頂點都有連接到的樹。**最小生成樹**則是加權圖形裡以最小總加權值連接每個頂點的樹（相較於其他生成樹）。每個加權圖形都可能有效率地找到它的最小生成樹。

哇，術語真多！重點是找到最小生成樹的方法，和找出連接加權圖形裡每個頂點與最小加權的方法相同。對於任何設計網絡（運輸網絡、電腦網路等）的人來說，這都是重要且實際的問題：如何以最低成本連接網絡裡的每個節點？這些成本可能是電纜、軌道、道路或其他任何方面。舉例來說，如果是電話網路，那麼這個問題的具體問法就是「電纜連接到每一支電話的最短長度為何？」

再探優先佇列

第 2 章討論過優先佇列，這裡的亞爾尼克演算法也需要優先佇列。你可以從第 2 章的套件匯入 PriorityQueue 類別（細節請參閱先前程式 4.5 的說明），或者可以將此類別複製到新檔案，再與本章的套件一起使用。為了完整呈現，我們將在這裡重建第 2 章的 PriorityQueue，作法是預設 PriorityQueue 將會放在自己獨立檔案裡，並使用特定的 import 陳述式。

程式 4.9 priority_queue.py

```
from typing import TypeVar, Generic, List
from heapq import heappush, heappop

T = TypeVar('T')

class PriorityQueue(Generic[T]):
    def __init__(self) -> None:
        self._container: List[T] = []

    @property
    def empty(self) -> bool:
        return not self._container  # 對空 container 而言，not 為 true

    def push(self, item: T) -> None:
        heappush(self._container, item)  # 優先推入

    def pop(self) -> T:
        return heappop(self._container)  # 優先提出

    def __repr__(self) -> str:
        return repr(self._container)
```

計算加權路徑的總權重

開發出找到最小生成樹的方法之前，我們將開發可用來測試總權重解決方案的函式。最小生成樹問題的解決方案將包括組成樹的加權邊串列。首先，我們將 WeightedPath 定義成 WeightedEdge 串列，然後定義 total_weight() 函式，這個函式會加總 WeightedPath 串列裡有邊的權重而得到總權重。

程式 4.10 mst.py

```python
from typing import TypeVar, List, Optional
from weighted_graph import WeightedGraph
from weighted_edge import WeightedEdge
from priority_queue import PriorityQueue

V = TypeVar('V') # 圖形裡的頂點型別
WeightedPath = List[WeightedEdge] # 路徑的型別別名

def total_weight(wp: WeightedPath) -> float:
    return sum([e.weight for e in wp])
```

亞爾尼克演算法

亞爾尼克演算法（Jarník's algorithm）是將圖形分成兩部分來找到最小生成樹：出現在仍在聚集的最小生成樹裡的頂點，以及還未出現在最小生成樹裡的頂點。它需要以下步驟：

1. 選取任一頂點以包含在最小生成樹裡。
2. 找到一個最小加權邊可將最小生成樹連接到還未出現在最小生成樹的頂點。
3. 將此最小邊結尾的頂點加到最小生成樹。
4. 重複步驟 2 和 3，直到圖形裡的每個頂點都出現在最小生成樹裡。

NOTE 亞爾尼克演算法通常稱為普林演算法。兩位在 1920 年代想將電線鋪設成本降到最低的捷克數學家（Otakar Borůvka 和 Vojtěch Jarník），提出了能解決找到最小生成樹問題的演算法。他們的演算法在數十年之後被其他人「重新發現」[3]。

想要有效率地執行亞爾尼克演算法，就要使用優先佇列。每次將新頂點加到最小生成樹時，它所有連結到此樹外部頂點的向外的邊都將加到優先佇列裡。其中最低加權的邊一定會從優先佇列提出，而且此演算法會持續執行，直到優先佇列變空。這會確保一定會優先將最低加權的邊加入此樹，而連接到已在此樹裡的頂點的邊從優先佇列提出時，它們將會被略過。

3 Helena Durnová, "Otakar Borůvka (1899-1995) and the Minimum Spanning Tree" (捷克科學院數學研究所, 2006), http://mng.bz/O2vj。

以下的 mst() 程式碼是亞爾尼克演算法的完整實作[4]，其中還包含了列印 WeightedPath 的工具函式。

WARNING 亞爾尼克演算法不一定能正確處理有向邊的圖形，它也無法適用未連接的圖形。

程式 4.11 mst.py 承上

```
def mst(wg: WeightedGraph[V], start: int = 0) -> Optional[WeightedPath]:
    if start > (wg.vertex_count - 1) or start < 0:
        return None
    result: WeightedPath = [] # 保存最後的 MST
    pq: PriorityQueue[WeightedEdge] = PriorityQueue()
    visited: [bool] = [False] * wg.vertex_count # 我們已經去過的地方

    def visit(index: int):
        visited[index] = True # 標註成到訪過
        for edge in wg.edges_for_index(index):
            # 將所有來自這裡的邊緣加到 pq
            if not visited[edge.v]:
                pq.push(edge)

    visit(start) # 第 1 個頂點是一切開始之源

    while not pq.empty: # 持續處理邊緣
        edge = pq.pop()
        if visited[edge.v]:
            continue # 絕不能再次到訪
        # 這是目前最小的，所以加入解答
        result.append(edge)
        visit(edge.v) # 到訪與此連接之處

    return result


def print_weighted_path(wg: WeightedGraph, wp: WeightedPath) -> None:
    for edge in wp:
        print(f"{wg.vertex_at(edge.u)} {edge.weight}> {wg.vertex_
at(edge.v)}")
    print(f"Total Weight: {total_weight(wp)}")
```

讓我們一行一行的看一遍 mst()。

4 靈感來自 Robert Sedgewick 和 Kevin Wayne 著作的《*Algorithms*》第 4 版（Addison-Wesley Professional 2011 年出版），第 619 頁。

```
def mst(wg: WeightedGraph[V], start: int = 0) -> Optional[WeightedPath]:
    if start > (wg.vertex_count - 1) or start < 0:
        return None
```

此演算法傳回表示最小生成樹的選用的 WeightedPath。演算法的起始位置並不重要（假設圖形是連接且無向），因此預設值即設定成頂點索引值 0。如果正巧出現 start 無效的情況，mst() 就會傳回 None。

```
result: WeightedPath = [] # 保存最後的 MST
pq: PriorityQueue[WeightedEdge] = PriorityQueue()
visited: [bool] = [False] * wg.vertex_count # 我們已經去過的地方
```

result 最終將會存有包含最小生成樹的加權路徑，這是當程式提出最低加權邊，將我們帶到圖形的新部分時，我們就會將這個 WeightedEdges 加入 result。亞爾尼克演算法被視為**貪婪演算法**，因為它一定選擇最低加權邊緣。新近發現的邊緣儲存在 pq，而次低的加權邊緣則遭到提出。visited 記錄了我們已經造訪過的頂點索引。這也能以 Set 完成，類似 bfs() 裡的 explored。

```
def visit(index: int):
    visited[index] = True # 標註成到訪過
    for edge in wg.edges_for_index(index):
        # 將所有來自這裡的邊緣
        if not visited[edge.v]:
            pq.push(edge)
```

visit() 是內部的便利函式，它會將頂點標示成已造訪，並且將連接到尚未造訪的頂點的所有邊加到 pq。請注意，相鄰串列模型很容易就能找到屬於特定頂點的邊。

```
visit(start) # 第 1 個頂點是一切開始之源
```

除非圖形未連接，否則造訪過哪個頂點並不重要。如果圖形未連接，而是改由未連接的**片段**（*components*）拼湊而成，mst() 就會傳回只有起始頂點所屬片段的生成樹。

```
while not pq.empty: # 持續處理邊緣
    edge = pq.pop()
    if visited[edge.v]:
        continue # 絕不能再次到訪
```

```
        # 這是目前最小的，所以加入解答
        result.append(edge)
        visit(edge.v) # 到訪與此連接之處

    return result
```

只要優先佇列裡仍有邊，我們就將它們提出並檢查它們是否導致頂點尚未出現在樹裡。因為優先佇列是遞增，因此它會先提出最低加權的邊。這確保了結果確實具有最小總加權。提出任何不會導致未探測到的頂點的邊，都會遭到忽略；否則的話，因為邊是到目前為止的最低值，所以將它加到結果集，並且探索它所連接的新頂點。如果沒有其他的邊需要探查，就會傳回結果。

最後讓我們回到 Hyperloop 連接美國所有 15 個最大 MSA 的問題：使用最少的軌道。完成這樣的路徑就是 city_graph2 的最小生成樹。讓我們試著在 city_graph2 執行 mst()。

程式 4.12 mst.py 承上

```
if __name__ == "__main__":
    city_graph2: WeightedGraph[str] = WeightedGraph(["Seattle", "San
     Francisco", "Los Angeles", "Riverside", "Phoenix", "Chicago",
     "Boston", "New York", "Atlanta", "Miami", "Dallas", "Houston",
     "Detroit", "Philadelphia", "Washington"])

    city_graph2.add_edge_by_vertices("Seattle", "Chicago", 1737)
    city_graph2.add_edge_by_vertices("Seattle", "San Francisco", 678)
    city_graph2.add_edge_by_vertices("San Francisco", "Riverside", 386)
    city_graph2.add_edge_by_vertices("San Francisco", "Los Angeles",
     348)
    city_graph2.add_edge_by_vertices("Los Angeles", "Riverside", 50)
    city_graph2.add_edge_by_vertices("Los Angeles", "Phoenix", 357)
    city_graph2.add_edge_by_vertices("Riverside", "Phoenix", 307)
    city_graph2.add_edge_by_vertices("Riverside", "Chicago", 1704)
    city_graph2.add_edge_by_vertices("Phoenix", "Dallas", 887)
    city_graph2.add_edge_by_vertices("Phoenix", "Houston", 1015)
    city_graph2.add_edge_by_vertices("Dallas", "Chicago", 805)
    city_graph2.add_edge_by_vertices("Dallas", "Atlanta", 721)
    city_graph2.add_edge_by_vertices("Dallas", "Houston", 225)
    city_graph2.add_edge_by_vertices("Houston", "Atlanta", 702)
    city_graph2.add_edge_by_vertices("Houston", "Miami", 968)
    city_graph2.add_edge_by_vertices("Atlanta", "Chicago", 588)
```

```
city_graph2.add_edge_by_vertices("Atlanta", "Washington", 543)
city_graph2.add_edge_by_vertices("Atlanta", "Miami", 604)
city_graph2.add_edge_by_vertices("Miami", "Washington", 923)
city_graph2.add_edge_by_vertices("Chicago", "Detroit", 238)
city_graph2.add_edge_by_vertices("Detroit", "Boston", 613)
city_graph2.add_edge_by_vertices("Detroit", "Washington", 396)
city_graph2.add_edge_by_vertices("Detroit", "New York", 482)
city_graph2.add_edge_by_vertices("Boston", "New York", 190)
city_graph2.add_edge_by_vertices("New York", "Philadelphia", 81)
city_graph2.add_edge_by_vertices("Philadelphia", "Washington", 123)

result: Optional[WeightedPath] = mst(city_graph2)
if result is None:
    print("No solution found!")
else:
    print_weighted_path(city_graph2, result)
```

多謝能精美印出結果的 printWeightedPath() 方法，讓最小生成樹一目了然。

```
Seattle 678> San Francisco
San Francisco 348> Los Angeles
Los Angeles 50> Riverside
Riverside 307> Phoenix
Phoenix 887> Dallas
Dallas 225> Houston
Houston 702> Atlanta
Atlanta 543> Washington
Washington 123> Philadelphia
Philadelphia 81> New York
New York 190> Boston
Washington 396> Detroit
Detroit 238> Chicago
Atlanta 604> Miami
Total Weight: 5372
```

換句話說，這是連接加權圖形裡所有 MSA 的累積最短邊的集合，連接它們的最短軌道長度為 5,372 英里。圖 4.7 說明了這個最小生成樹。

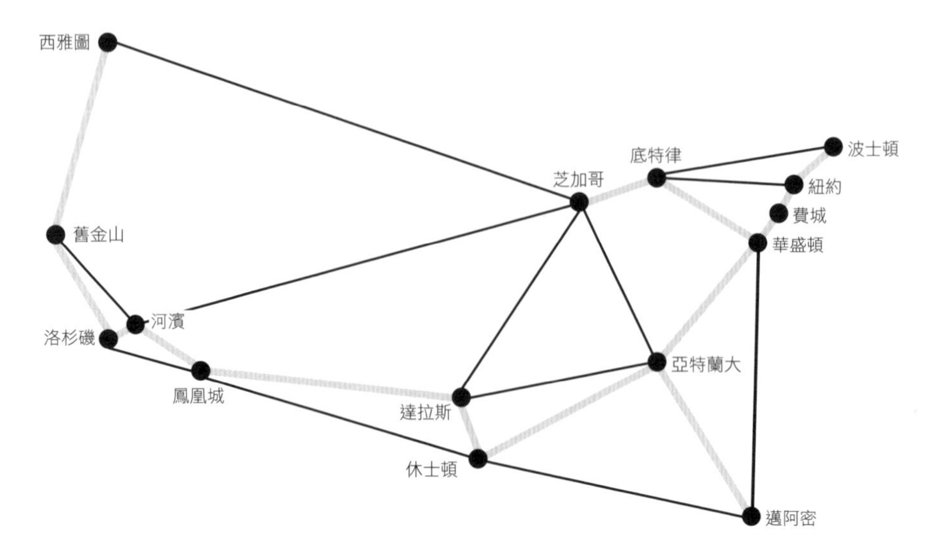

圖 4.7　灰白呈現的邊緣代表的是連接到所有 15 個 MSA 的最小生成樹。

4.5 找出加權圖形裡的最短路徑

隨著 Hyperloop 網絡的建立，建造者不太可能立刻就胸懷連接整個國家的雄心；反之，建造者可能想要將主要城市之間的軌道鋪設成本降到最低。將網絡擴展到特定城市的成本，顯然取決於建造者的起點。

從某些城市開始找出任何城市的成本，是「單一來源最短路徑」問題的某種版本；這個問題在問：「就總體邊的加權而言，在加權圖形當中，從某些頂點到每個其他頂點的最短路徑為何？」

4.5.1 狄格斯特演算法

狄格斯特演算法解決了單一來源最短路徑問題，它會對加權圖形提供一個起始頂點，連到圖形裡其他任何頂點的最低加權路徑，以及連到其他所有頂點的最小總加權。狄格斯特演算法從單一來源頂點開始，然後不斷探索最近的頂點。因為這個原因，如同亞爾尼克演算法，狄格斯特演算法也是貪婪演算法。當狄格斯特演算法遇到新頂點，它會記錄它與起始頂點之間的距離，且若它發現較短路徑時即更新這個值。它也會記錄連接到各頂點的邊，就如同寬度優先搜尋。

以下是這個演算法的所有步驟：

1 將起始頂點加入優先佇列。

2 從優先佇列提出最近的頂點（在一開始，這只是起始頂點），我們稱它為目前頂點。

3 檢視連接到目前頂點的所有鄰居。如果先前尚未記錄它們，或已記錄但邊緣提供了連接到它們的新的最短路徑，就為它們記錄從起點到它的距離、記錄產生此距離的邊緣，並將新頂點加到優先佇列。

4 重複步驟 2 和 3，直到優先佇列變空。

5 傳回從起始頂點到每一個頂點的最短距離以及路徑。

我們的狄格斯特演算法程式碼包括了 DijkstraNode，這是一種記錄目前已探索的每個頂點有關的成本並加以比較的簡單資料結構，類似第 2 章的 Node 類別。它也包括工具函式來處理 dijkstra() 傳回值，像是可以將傳回的距離陣列轉換成更容易用來以頂點查詢，以及從傳回的路徑字典計算到特定目標頂點的最短路徑。

不囉唆，這裡就是狄格斯特演算法的程式碼。我們稍後即將逐行檢視。

程式 4.13 dijkstra.py

```
from __future__ import annotations
from typing import TypeVar, List, Optional, Tuple, Dict
from dataclasses import dataclass
from mst import WeightedPath, print_weighted_path
from weighted_graph import WeightedGraph
from weighted_edge import WeightedEdge
from priority_queue import PriorityQueue

V = TypeVar('V') # 圖形裡的頂點型別

@dataclass
class DijkstraNode:
    vertex: int
    distance: float

    def __lt__(self, other: DijkstraNode) -> bool:
        return self.distance < other.distance
```

```
    def __eq__(self, other: DijkstraNode) -> bool:
        return self.distance == other.distance


def dijkstra(wg: WeightedGraph[V], root: V) ->
     Tuple[List[Optional[float]], Dict[int, WeightedEdge]]:
    first: int = wg.index_of(root) # 找出開始的索引
    # 一開始不知道距離
    distances: List[Optional[float]] = [None] * wg.vertex_count
    distances[first] = 0 # 根為 0
    path_dict: Dict[int, WeightedEdge] = {} # 如何得到每個頂點
    pq: PriorityQueue[DijkstraNode] = PriorityQueue()
    pq.push(DijkstraNode(first, 0))

    while not pq.empty:
        u: int = pq.pop().vertex # 探索下一個最近的頂點
        dist_u: float = distances[u] # 應該已經看過
        # 從討論的頂點檢視相關邊緣 / 頂點
        for we in wg.edges_for_index(u):
            # 此頂點的舊距離
            dist_v: float = distances[we.v]
            # 沒有舊距離或找到最短路徑
            if dist_v is None or dist_v > we.weight + dist_u:
                # 更新到此頂點的距離
                distances[we.v] = we.weight + dist_u
                # 更新最短路徑到此頂點的邊緣
                path_dict[we.v] = we
                # 很快就會探索它
                pq.push(DijkstraNode(we.v, we.weight + dist_u))

    return distances, path_dict

# 取得較容易存取狄格斯特結果的輔助函式
def distance_array_to_vertex_dict(wg: WeightedGraph[V], distances:
     List[Optional[float]]) -> Dict[V, Optional[float]]:
    distance_dict: Dict[V, Optional[float]] = {}
    for i in range(len(distances)):
        distance_dict[wg.vertex_at(i)] = distances[i]
    return distance_dict


# 以邊緣字典完成每個節點並傳回
# 從「起始」到「目的」的邊緣串列
def path_dict_to_path(start: int, end: int, path_dict: Dict[int,
     WeightedEdge]) -> WeightedPath:
    if len(path_dict) == 0:
        return []
```

```
    edge_path: WeightedPath = []
    e: WeightedEdge = path_dict[end]
    edge_path.append(e)
    while e.u != start:
        e = path_dict[e.u]
        edge_path.append(e)
    return list(reversed(edge_path))
```

dijkstra() 的前幾行使用了你已經熟悉的資料結構（distances 除外），它是 root 圖形裡每個頂點距離的預留位置。最初這所有的距離都是 None，因為我們還不知道它們每個的距離是多遠，因此我們要使用狄格斯特演算法來釐清！

```
def dijkstra(wg: WeightedGraph[V], root: V) ->
     Tuple[List[Optional[float]], Dict[int, WeightedEdge]]:
    first: int = wg.index_of(root) # 找出開始的索引
    # 一開始不知道距離
    distances: List[Optional[float]] = [None] * wg.vertex_count
    distances[first] = 0 # 根為 0
    path_dict: Dict[int, WeightedEdge] = {} # 如何得到每個頂點
    pq: PriorityQueue[DijkstraNode] = PriorityQueue()
    pq.push(DijkstraNode(first, 0))
```

推入優先佇列的第 1 個節點包含了根頂點。

```
while not pq.empty:
    u: int = pq.pop().vertex # 探索下一個最近的頂點
    dist_u: float = distances[u] # 應該已經看過
```

一直到優先佇列空了之前，我們都持續執行狄格斯特演算法。u 是我們正在搜尋的目前頂點，而 dist_u 是沿著已知路徑到達 u 的距離。在此階段探索的每個頂點都已經找到了，因此它必定具有已知距離。

```
# 從這裡檢視所有的邊緣 / 頂點
for we in wg.edges_for_index(u):
    # 此頂點的舊距離
    dist_v: float = distances[we.v]
```

接下來要探索連接到 u 的每個邊緣。dist_v 是從 u 連接到任何已知頂點的邊的距離。

```
# 沒有舊距離或找到最短路徑
if dist_v is None or dist_v > we.weight + dist_u:
    # 更新到此頂點的距離
    distances[we.v] = we.weight + dist_u
    # 更新最短路徑到此頂點的邊緣
    path_dict[we.v] = we
    # 很快就會探索它
    pq.push(DijkstraNode(we.v, we.weight + dist_u))
```

如果我們找到了尚未探索過的頂點（dist_v is None），或者我們找到了新的、更短的路徑，我們會將新的且最短的距離記錄到 v，以及讓我們到達那裡的邊緣。最後，我們將擁有新路徑的任何頂點推入優先佇列。

```
return distances, path_dict
```

dijkstra() 傳回了從根頂點到達加權圖裡所有頂點的距離，以及可用來取得到達它們最短路徑的 path_dict（這可以得知到達它們的最短路徑）。

現在執行狄格斯特演算法就很安全了。我們一開始將找出從洛杉磯到此圖所有其他 MSA 的距離，然後再找出洛杉磯和波士頓之間的最短路徑，最後將使用 print_weighted_path() 印出結果。

程式 4.14 dijkstra.py 承上

```
if __name__ == "__main__":
    city_graph2: WeightedGraph[str] = WeightedGraph(["Seattle", "San
     Francisco", "Los Angeles", "Riverside", "Phoenix", "Chicago",
     "Boston", "New York", "Atlanta", "Miami", "Dallas", "Houston",
     "Detroit", "Philadelphia", "Washington"])

    city_graph2.add_edge_by_vertices("Seattle", "Chicago", 1737)
    city_graph2.add_edge_by_vertices("Seattle", "San Francisco", 678)
    city_graph2.add_edge_by_vertices("San Francisco", "Riverside", 386)
    city_graph2.add_edge_by_vertices("San Francisco", "Los Angeles",
     348)
    city_graph2.add_edge_by_vertices("Los Angeles", "Riverside", 50)
    city_graph2.add_edge_by_vertices("Los Angeles", "Phoenix", 357)
    city_graph2.add_edge_by_vertices("Riverside", "Phoenix", 307)
    city_graph2.add_edge_by_vertices("Riverside", "Chicago", 1704)
    city_graph2.add_edge_by_vertices("Phoenix", "Dallas", 887)
    city_graph2.add_edge_by_vertices("Phoenix", "Houston", 1015)
    city_graph2.add_edge_by_vertices("Dallas", "Chicago", 805)
    city_graph2.add_edge_by_vertices("Dallas", "Atlanta", 721)
    city_graph2.add_edge_by_vertices("Dallas", "Houston", 225)
```

```
city_graph2.add_edge_by_vertices("Houston", "Atlanta", 702)
city_graph2.add_edge_by_vertices("Houston", "Miami", 968)
city_graph2.add_edge_by_vertices("Atlanta", "Chicago", 588)
city_graph2.add_edge_by_vertices("Atlanta", "Washington", 543)
city_graph2.add_edge_by_vertices("Atlanta", "Miami", 604)
city_graph2.add_edge_by_vertices("Miami", "Washington", 923)
city_graph2.add_edge_by_vertices("Chicago", "Detroit", 238)
city_graph2.add_edge_by_vertices("Detroit", "Boston", 613)
city_graph2.add_edge_by_vertices("Detroit", "Washington", 396)
city_graph2.add_edge_by_vertices("Detroit", "New York", 482)
city_graph2.add_edge_by_vertices("Boston", "New York", 190)
city_graph2.add_edge_by_vertices("New York", "Philadelphia", 81)
city_graph2.add_edge_by_vertices("Philadelphia", "Washington", 123)

distances, path_dict = dijkstra(city_graph2, "Los Angeles")
name_distance: Dict[str, Optional[int]] = distance_array_to_vertex_
 dict(city_graph2, distances)
print("Distances from Los Angeles:")
for key, value in name_distance.items():
    print(f"{key} : {value}")
print("") # 空白行
print("Shortest path from Los Angeles to Boston:")
path: WeightedPath = path_dict_to_path(city_graph2.index_of("Los
 Angeles"), city_graph2.index_of("Boston"), path_dict)
print_weighted_path(city_graph2, path)
```

你的輸出結果看起來應該會像這樣：

```
Distances from Los Angeles:
Seattle : 1026
San Francisco : 348
Los Angeles : 0
Riverside : 50
Phoenix : 357
Chicago : 1754
Boston : 2605
New York : 2474
Atlanta : 1965
Miami : 2340
Dallas : 1244
Houston : 1372
Detroit : 1992
Philadelphia : 2511
Washington : 2388

Shortest path from Los Angeles to Boston:
Los Angeles 50> Riverside
Riverside 1704> Chicago
```

```
Chicago 238> Detroit
Detroit 613> Boston
Total Weight: 2605
```

你可能已經注意到狄格斯特演算法和亞爾尼克演算法有一些類似；它們都是貪婪演算法，而且如果有充足的動機，可以用非常類似的程式碼來實作它們。另一個類似狄格斯特的演算法是第 2 章的 A*。我們可以將 A* 視為狄格斯特演算法的修改版本。加入啟發式演算法並且限制狄格斯特演算法來找出單一目的地，兩者就會變成相同的演算法。

NOTE 狄格斯特演算法是設計給正加權的圖形使用。負加權邊的圖形可能會對狄格斯特演算法構成挑戰，而且需要修改或另改用其他的演算法。

4.6 真實世界的應用

我們這個世界有很大一部分可以用圖形來呈現。你已經在本章看到它們非常有效的處理運輸網絡，但諸多其他類型的網絡也有一樣的最佳化問題：電話網路、電腦網路、公用設施網絡（電力、管線等）。因此，圖形演算法對於電信、運輸、交通、公用事業的效率非常重要。

零售商必須處理複雜的配送問題；商店和倉庫可以視為頂點，它們之間的距離則是邊。可以使用相同的演算法來處理。網際網路本身就是巨大的圖形，每個連接的裝置都是頂點，而每條有線或無線的連線就是邊。不論企業想要節省燃料還是電纜線，最小生成樹和最短路徑的問題解決方案不只能適用在遊戲。某些世界上最知名的品牌透過圖形問題最佳化而大獲成功：想想沃爾瑪創建的高效率的配銷網絡、Google 將 web（也就是巨大的圖形）內容予以索引、聯邦快遞找到連接世界各處的正確樞紐。

圖形演算法某些顯而易見的應用則是社交網絡和地圖。人在社交網絡裡是頂點，而連結（例如 Facebook 的朋友關係）則是邊。事實上，Facebook 最有名的一項開發工具就稱為 Graph API（https://developers.facebook.com/docs/graph-api）。在諸如 Apple Maps 和 Google Maps 等地圖的應用裡，則將圖形演算法用在提供方向和計算行程時間。

若干廣受歡迎的電玩遊戲也很明顯就是使用圖形演算法。MiniMetro（迷你地鐵）和 Ticket to Ride（鐵道任務）等遊戲，就是和本章解決的問題非常類似的兩個例子。

4.7 練習

1 加入能讓此圖形框架可以刪除邊和頂點的功能。

2 加入讓此圖形框架能支援有向圖的功能。

3 使用本章的圖形框架來證明或反證如維基百科所述之經典的柯尼斯堡橋樑問題（https://en.wikipedia.org/wiki/Seven_Bridges_of_Königsberg）。

5 基因演算法

日常的程式設計問題不會用到基因演算法，當傳統的演算法無法在合理的時間內解決問題的時候，才會要求使用基因演算法。也就是說，基因演算法通常留給沒有簡單解決方案的複雜問題專用。如果你需要瞭解這裡所謂的複雜問題為何，可在繼續閱讀之前先閱讀 5.7 節的內容。不過我可以先舉個有趣的例子，是蛋白質配體對接和藥物設計。運算生物學家需要設計能與受體結合以遞送藥物的分子，設計特定分子可能沒有明確的演算法，但就如你即將看到的，有時候只定義了問題目標但沒有明確方向，基因演算法也能提供答案。

5.1 生物學背景

在生物學，進化論解釋了基因突變加上環境限制如何導致生物隨時間而變化（包括物種形成，也就是新物種的產生）。適應良好的生物得以存活而適應不良的生物遭到淘汰的機制稱為**物競天擇**（*natural selection*）。物種的每一代將包括透過基因突變所發生的不同特徵的個體（但有時候是新的特徵的個體）。所有的個體為了生存都會爭奪有限的資源，也因為個體比資源更多，因此部分的個體就必須死亡。

個體的突變若能讓它更適應生存環境，這樣的個體將擁有更高的生存和繁殖機率。時間一久，更能適應環境的個體將會擁更多子代，而且會透過遺傳將它們的突變傳給那些子代。因此，有利於生存的突變最終可能在群體裡激增。

舉例來說，如果細菌正遭到某種特定的抗生素殲滅，而此群體裡某隻細菌的基因突變能讓此菌對這種抗生素更具抵抗力，那麼這種細菌就更有可能存活並且繁殖。如果長久一直使用這種抗生素，那些遺傳了能抵抗抗生素基因的子代，也將更有可能繁殖並且擁有自己的子代。最後因為抗生素會持續攻擊而殺死沒有突變的個體，而使得整個群體可能因此變異。此抗生素不會造成突變的發展，但它的確會導致突變個體的激增。

物競天擇已經應用在生物學以外的領域。社會達爾文主義是應用在社會理論領域的物競天擇。在計算機科學裡，基因演算法是物競天擇的模擬，用來解決運算的挑戰。

基因演算法包括個體的**群體**（群組），稱為**染色體**（*chromosomes*）。染色體（由每個指定其特徵的**基因**所組成）都在爭相解決某些問題。染色體解決問題的程度，是由**適應函數**（*fitness function*）所定義。

基因演算法經歷了**數個世代**，在每一世代更有可能**選擇**更適合的染色體來繁殖。每一世代也有可能合併兩條染色體的基因。這稱為**交換**（*crossover*）。最後，每一世代都有重要且可能發生的事，也就是染色體裡的基因可能發生**突變**（隨機變化）。

群體裡某些個體的適應函數超過某個指定閾值之後，或者演算法已執行到預先設定的世代數量時，會傳回最佳的個體（就是在適應函數中得分最高的個體）。

基因演算法不是解決所有問題的好方法，它們依賴於 3 種部分或完全的**隨機**（隨機確定）操作：選擇、交換、突變。因此，他們可能無法在合理的時間內找到最佳解決方案。對於大部分的問題，存在著更多且提供了更好保證的決定論演算法。但這些問題並不存在著快速的決定論演算法。基因演算法在這些情況都是很好的選擇。

5.2 通用的基因演算法

基因演算法通常需要量身訂制，以針對特定的應用。我們在本章將定義一個通用基因演算法，它可以用在多個問題，而非針對任何情況做了特別的調整。雖然它將會包括一些可以設定的選項，但其目標是呈現演算法的基本原理，而不是它可調整的特性。

我們將從這個通用演算法可以運作的個體介面開始。抽象類別 Chromosome 定義了 4 個基本特徵。染色體必須能夠做到以下所列：

- 確定它自己的適應性
- 以隨機選擇的基因建立實例（用來填補第 1 代）
- 實作交換（將它自己和另一個同樣類型相結合來建立子代），也就是說，將它自己和另一條染色體混合
- 突變——以它自己做一個小的、相當隨機的變化

以下是根據這 4 項需求所編寫的 Chromosome 的程式碼。

程式 5.1　chromosome.py

```
from __future__ import annotations
from typing import TypeVar, Tuple, Type
from abc import ABC, abstractmethod

T = TypeVar('T', bound='Chromosome') # 傳回自己

# 所有染色體的基礎類別；必須覆寫所有方法
class Chromosome(ABC):
    @abstractmethod
    def fitness(self) -> float:
        ...

    @classmethod
    @abstractmethod
    def random_instance(cls: Type[T]) -> T:
        ...

    @abstractmethod
    def crossover(self: T, other: T) -> Tuple[T, T]:
        ...

    @abstractmethod
    def mutate(self) -> None:
        ...
```

TIP　你會在它的構造式裡留意到 TypeVar　T 繫結到 Chromosome。這意味著填入 T 型別變數的任何內容都必須是 Chromosome 的實體或 Chromosome 的子類別。

我們將把這個演算法本身（也就是操控染色體的程式碼）實作成通用類別，但為了往後某些特定的應用，將它開放作為子類別。不過在開始之前，讓我們從本章開頭重新審視基因演算法的描述，並清楚定義基因演算法所採取的步驟：

1 建立第一代演算法的隨機染色體的初始群體。

2 測量此代群體裡每條染色體的適應性；如果超過閾值，則傳回它，並且結束演算法。

3 選擇一些個體來繁殖，最高適應性的個體會有更高被選中的機率。

4 以某些機率、某些選擇的染色體進行交換（組合），來建立能代表下一子代的群體。

5 以低的機率讓某些染色體進行突變。新一代的群體已經完成，它現在取代了上一代的群體。

6 重回步驟 2。但若已經到了最大的世代數量，則傳回到目前找到的最佳染色體。

這個基因演算法（如圖 5.1）的概要缺少許多重要的細節。群體裡應該有多少染色體？停止演算法的閾值是多少？該怎麼選擇染色體進行繁殖？它們應該如何組合（交換）、機率為何？在什麼樣的機率會發生突變？應該執行多少世代？

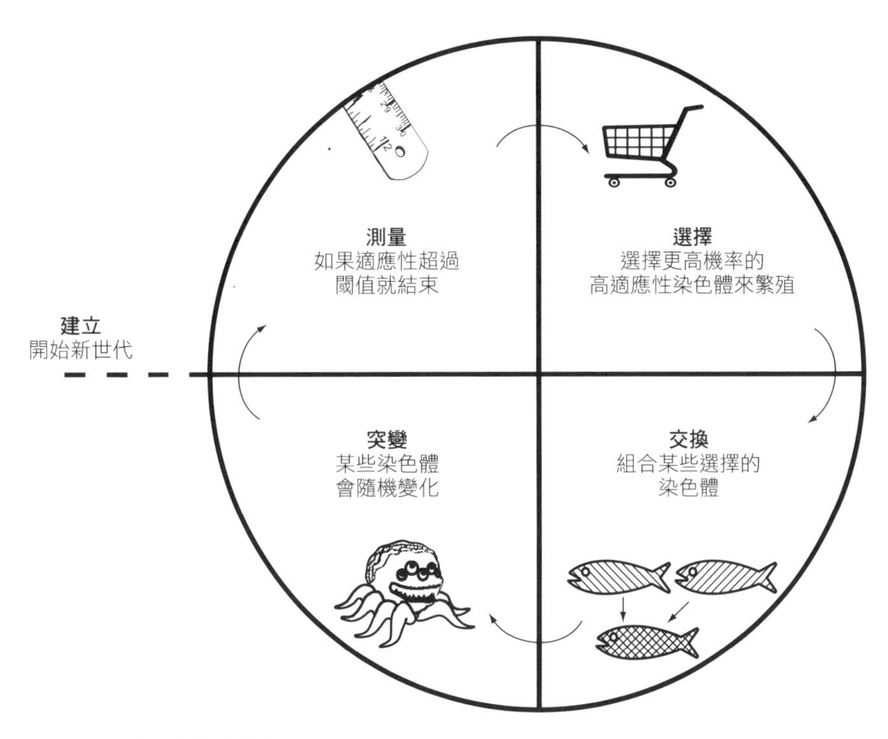

圖 5.1 基因演算法概述。

在我們的 GeneticAlgorithm 類別裡面將可以調整這所有重點的設定；我們將一塊一塊的加以定義，以便我們可以針對每個部分個別討論。

程式 5.2 genetic_algorithm.py

```
from __future__ import annotations
from typing import TypeVar, Generic, List, Tuple, Callable
from enum import Enum
from random import choices, random
from heapq import nlargest
from statistics import mean
from chromosome import Chromosome

C = TypeVar('C', bound=Chromosome) # 染色體的型別

class GeneticAlgorithm(Generic[C]):
    SelectionType = Enum("SelectionType", "ROULETTE TOURNAMENT")
```

GeneticAlgorithm 採用符合 Chromosome 的通用型別，其名稱為 C。列舉型別 SelectionType 是內部型別，用在這個演算法所使用的選擇方法。基因演算法最常見的兩種選擇方法稱為**輪盤式選擇**（*roulette-wheel selection*，有時稱為**適應性比例選擇**，*fitness proportionate selection*）和**對決式選擇**（*tournament selection*）。前者讓每條染色體都有機會被選中，和它的適應性成比例。如果是對決式選擇，一定數量的隨機染色體則會互相挑戰對決，擁有最佳適應性的染色體會中選。

程式 5.3 genetic_algorithm.py 承上

```
def __init__(self, initial_population: List[C], threshold: float, max_
     generations: int = 100, mutation_chance: float = 0.01, crossover_
     chance: float = 0.7, selection_type: SelectionType =
     SelectionType.TOURNAMENT) > None:
    self._population: List[C] = initial_population
    self._threshold: float = threshold
    self._max_generations: int = max_generations
    self._mutation_chance: float = mutation_chance
    self._crossover_chance: float = crossover_chance
    self._selection_type: GeneticAlgorithm.SelectionType = selection_
     type
    self._fitness_key: Callable = type(self._population[0]).fitness
```

前面是基因演算法的所有屬性，我們將在建立時透過 __init__() 予以設定。initial_population 是這個演算法的第一世代裡的染色體。threshold 是適應性的程度，表示此基因演算法試著要解決的問題的解決方案已經找到。max_generations 是要執行的世代數量最大值。如果我們已經執行了許多世代，而且沒有找到適應性程度超過 threshold 的解決方案，就會傳回已經找到的最佳解決方案。mutation_chance 是每一世代裡每條染色體發生突變的機率。crossover_chance 是兩個被選擇欲繁殖的親代擁有子代混合它們基因的機率；否則的話，這些子代只是親代的副本。最後，selection_type 是採用的選擇方法的型別，細節即如列舉型別 SelectionType 所描述。

前面的 init 方法需要一長串參數，其中大部分都有預設值。它們設定了我們剛討論過的可設定屬性的實體版本。在我們的例子是使用 Chromosome 類別的 random_instance() 類別方法，並以一組隨機的染色體來初始 _population。也就是說，第一代的染色體只是由隨機的個體組成。對於更為複雜的基因演算法來說，這是可能的最佳化重點。藉著對此問題的某些認識，第一代可以包含更接近解決方案的個體，而非從全然隨機的個體開始。這稱為**播種**（*seeding*）。

_fitness_key 是此方法的參照，我們從頭到尾將使用 GeneticAlgorithm 計算染色體的適應性。回想一下，這個類別需要和 Chromosome 的任何子類別合作，因此 _fitness_key 會因為子類別而有所不同。為此，我們使用 type() 來參照我們正在尋找適應性的 Chromosome 的特定子類別。

現在，我們將檢閱我們的類別所支援的兩種選擇方法。

程式 5.4 genetic_algorithm.py 承上

```
# 使用機率分布挑選 2 親代
# 注意：不是用負的 fitness 結果
def _pick_roulette(self, wheel: List[float]) -> Tuple[C, C]:
    return tuple(choices(self._population, weights=wheel, k=2))
```

輪盤式選擇是以每條染色體的適應性和一個世代裡所有適應性的和的比例作為基礎，具有最高適應性的染色體被選中的機率較高。代表每條染色體適應性的值是以參數 wheel 提供。實際的選擇可藉由 Python 標準程式庫的 random 模組裡的 choices() 函式順利完成。這個函式需要一個內置我們想要選擇的串列，一份等長串列其中包含在第一份串列的每個項目的加權，以及我們想要選擇的項目數量。

如果要自己實作這項功能，可以計算每個項目整體的適應性百分比（適應性比例），並且以 0 和 1 之間的浮點數值來表示。0 和 1 之間的亂數（pick）可以用來找出要選擇哪條染色體。這個演算法的運作方式是逐項將 pick 減去每條染色體適應性比例。當 pick 小於 0，就是要選擇的染色體。

你瞭解為什麼這個過程會導致每條染色體因為它的比例而可以獲得選擇了嗎？如果還沒有，請拿出紙筆，先畫個像是圖 5.2 的比例輪盤，好好推敲一下。

對決式選擇最基本的形式比輪盤式選擇還簡單。我們只要隨機地從整個群體挑選出 k 染色體，而非估算出比例。被隨機選出的兩個染色體中，具有最佳適應性的染色體會勝出。

程式 5.5 genetic_algorithm.py 承上

```
# 隨機選擇 num_participants 並取最好的 2 個
def _pick_tournament(self, num_participants: int) -> Tuple[C, C]:
    participants: List[C] = choices(self._population, k=num_
     participants)
    return tuple(nlargest(2, participants, key=self._fitness_key))
```

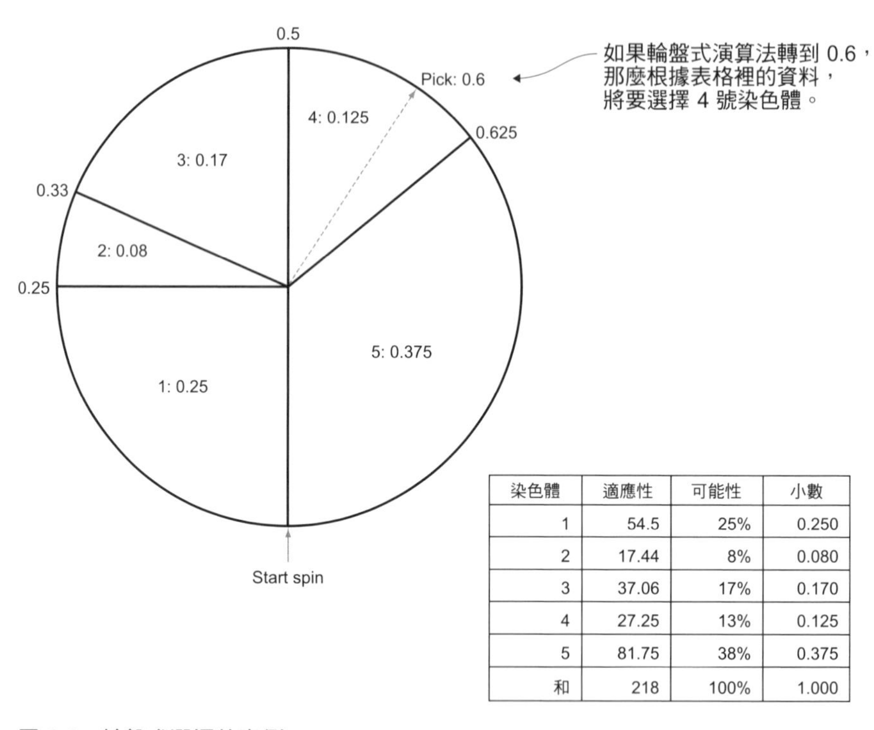

染色體	適應性	可能性	小數
1	54.5	25%	0.250
2	17.44	8%	0.080
3	37.06	17%	0.170
4	27.25	13%	0.125
5	81.75	38%	0.375
和	218	100%	1.000

圖 5.2 輪盤式選擇的實例。

_pick_tournament() 的程式碼首先使用 choices() 從 _population 裡隨機選擇 num_participants，然後再使用 heapq 模組裡的 nlargest() 函式、藉著 _fitness_key，找到兩個最大的個體。num_participants 的正確數值為何？如同基因演算法裡的諸多參數一樣，不斷摸索並且反覆試驗可能才是確認的最好方式。有一件要記住的事情是，參與對決式選擇的數量越多，會導致群體多樣性越少，因為適應性較差的染色體更有可能在競爭中遭到淘汰[1]。更複雜的對決式選擇形式可能會根據某種遞減機率模型而沒有選擇最好的個體，卻選擇了次好或第 3 好的個體。

_pick_roulette() 和 _pick_tournament() 這兩個用於選擇的方法，會在繁殖期間用到。繁殖是在 _reproduce_and_replace() 裡實作，而且它還負責確保相同染色體數量的新群體取代上一代的染色體。

程式 5.6 genetic_algorithm.py 承上

```
# 以新一代的個體取代族群
def _reproduce_and_replace(self) -> None:
    new_population: List[C] = []
    # 繼續執行直到填完新一代
    while len(new_population) < len(self._population):
        # 挑選 2 親代
        if self._selection_type == GeneticAlgorithm.SelectionType.
         ROULETTE:
            parents: Tuple[C, C] = self._pick_roulette([x.fitness() for
     x in self._population])
        else:
            parents = self._pick_tournament(len(self._population) // 2)
        #  2親代有可能互換
        if random() < self._crossover_chance:
            new_population.extend(parents[0].crossover(parents[1]))
        else:
            new_population.extend(parents)
    # 如果是舊數值就有 1 個額外，所以要移除
    if len(new_population) > len(self._population):
        new_population.pop()
    self._population = new_population # 取代參照
```

_reproduce_and_replace() 裡的步驟大致如下：

1. 使用兩種選擇方法的其中一種來選擇兩條稱為 parents 的染色體進行繁殖。如果是對決式選擇，程式總是選擇從總群體的一半進行，但這也可視需要調整。

2. _crossover_chance 會組合兩個親代而產生兩條新的染色體，它們在這種情況會被加到 new_population。如果沒有子代，只會將這兩個親代加到 new_population。

1 Artem Sokolov & Darrell Whitley, "Unbiased Tournament Selection," GECCO'05 (June 25–29, 2005, Washington, D.C., U.S.A.), http://mng.bz/S7l6.

3 如果 new_population 的染色體數量和 _population 一樣，就會取代它；否則就回到步驟 1。

實作突變的方法 _mutate() 非常簡單，它將如何執行突變的細節留給了個別的染色體。

程式 5.7 genetic_algorithm.py 承上

```
# _mutation_chance 作為每個個體突變機率
def _mutate(self) -> None:
    for individual in self._population:
        if random() < self._mutation_chance:
            individual.mutate()
```

我們現在擁有執行基因演算法所需的所有基礎材料。run() 協調測量、繁殖（包括選擇）、突變等將群體從某一世代帶到另一代的步驟。它也追蹤記錄搜尋時在任何點找到的最佳（最適應）染色體。

程式 5.8 genetic_algorithm.py 承上

```
# 執行基因演算法處理 max_generations 迭代，
# 並傳回找到的最佳個體
def run(self) -> C:
    best: C = max(self._population, key=self._fitness_key)
    for generation in range(self._max_generations):
        # 如果超過閾值就提早退出
        if best.fitness() >= self._threshold:
            return best
        print(f"Generation {generation} Best {best.fitness()} Avg
 {mean(map(self._fitness_key, self._population))}")
        self._reproduce_and_replace()
        self._mutate()
        highest: C = max(self._population, key=self._fitness_key)
        if highest.fitness() > best.fitness():
            best = highest # 找到新的最佳
    return best # _max_generations 裡所找到最佳的
```

best 記錄到截至目前發現的最佳染色體。其中的主迴圈執行 _max_generations 次。如果任何染色體在適應性超過 threshold，就會傳回它，並且結束這個方法。否則它會呼叫 _reproduce_and_replace() 和 _mutate() 來建立下一世代，並且再次執行迴圈。如果到了 _max_generations，也會傳回截至目前所發現的最佳染色體。

5.3 樸素測試

這個通用的基因演算法 GeneticAlgorithm 可以和實作 Chromosome 的任何型別一起運作。在測試時，一開始我們將先實作使用傳統方法即可輕鬆解決的簡單問題。我們將試著取等式 $6x - x^2 + 4y - y^2$ 的最大值。也就是說，這個等式裡 x 和 y 的值是多少將會產生最大數值？

以微積分取偏導數並將每個值設為零，就可以找到最大值。結果是 $x = 3$、$y = 2$。我們的基因演算法可以在不使用微積分的情況就達到相同的結果嗎？讓我們繼續深入研究。

程式 5.9 simple_equation.py

```
from __future__ import annotations
from typing import Tuple, List
from chromosome import Chromosome
from genetic_algorithm import GeneticAlgorithm
from random import randrange, random
from copy import deepcopy

class SimpleEquation(Chromosome):
    def __init__(self, x: int, y: int) -> None:
        self.x: int = x
        self.y: int = y

    def fitness(self) -> float: # 6x - x^2 + 4y - y^2
        return 6 * self.x - self.x * self.x + 4 * self.y - self.y *
   self.y

    @classmethod
    def random_instance(cls) -> SimpleEquation:
        return SimpleEquation(randrange(100), randrange(100))

    def crossover(self, other: SimpleEquation) -> Tuple[SimpleEquation,
     SimpleEquation]:
        child1: SimpleEquation = deepcopy(self)
        child2: SimpleEquation = deepcopy(other)
        child1.y = other.y
        child2.y = self.y
        return child1, child2

    def mutate(self) -> None:
        if random() > 0.5: # 突變 x
            if random() > 0.5:
                self.x += 1
```

```
            else:
                self.x -= 1
        else: # 否則就突變 y
            if random() > 0.5:
                self.y += 1
            else:
                self.y -= 1

    def __str__(self) -> str:
        return f"X: {self.x} Y: {self.y} Fitness: {self.fitness()}"
```

SimpleEquation 和 Chromosome 一致，而且就像它的名稱一樣的盡可能簡單。SimpleEquation 染色體的基因可以認為是 x 和 y，而方法 fitness() 使用了 x 和 y 來估算方程式 $6x - x^2 + 4y - y^2$。根據 GeneticAlgorithm，值越高，個體染色體就越適應。在隨機實例的情況下，最初將 x 和 y 設為 0 到 100 之間的隨機整數，因此除了以這些值實體化新的 SimpleEquation，random_instance() 不需要再做任何事情。要在 crossover() 裡將某個 SimpleEquation 和另一個互相組合，只需交換兩個實體的 y 值即可建立兩個子代。而 mutate() 會隨機遞增或遞減 x 或 y。大致就是如此囉！

因為 SimpleEquation 和 Chromosome 一致，所以我們已經可以將它置入 GeneticAlgorithm。

程式 5.10 simple_equation.py 承上

```
if __name__ == "__main__":
    initial_population: List[SimpleEquation] = [SimpleEquation.random_
     instance() for _ in range(20)]
    ga: GeneticAlgorithm[SimpleEquation] = GeneticAlgorithm(initial_
     population=initial_population, threshold=13.0, max_generations =
     100, mutation_chance = 0.1, crossover_chance = 0.7)
    result: SimpleEquation = ga.run()
    print(result)
```

這裡使用的參數是透過猜測並核對所得到。你可以試試其他的參數。之所以將 threshold 設為 13.0，是因為我們已經知道正確的答案。當 $x = 3$ 且 $y = 2$ 的時候，此方程式的估算值為 13。

如果你之前不知道答案，或許會想知道經過一定數量的世代後，可以找到的最佳結果是什麼。在這種情況，你可以將 threshold 設為某個任意大數。但請記住，因為基因演算法是隨機的，因此每次執行都不一樣。

以下是執行這個基因演算法在第 9 代解決了此方程式的一些輸出取樣：

```
Generation 0 Best -349 Avg -6112.3
Generation 1 Best 4 Avg -1306.7
Generation 2 Best 9 Avg -288.25
Generation 3 Best 9 Avg -7.35
Generation 4 Best 12 Avg 7.25
Generation 5 Best 12 Avg 8.5
Generation 6 Best 12 Avg 9.65
Generation 7 Best 12 Avg 11.7
Generation 8 Best 12 Avg 11.6
X: 3 Y: 2 Fitness: 13
```

如你所見，它最後仍可求得先前以微積分（$x = 3$ 和 $y = 2$）得到的正確解答。你可能也會注意到的是，幾乎每一世代都能更接近正確答案。

考慮到基因演算法比其他方法需要更多的運算能力才能找到解決方案。在現實的世界裡，這類簡單的最大化問題不是基因演算法的標準用法，但它的簡單實作至少足以證明我們的基因演算法確實管用。

5.4 再探 SEND+MORE=MONEY

我們在第 3 章使用了限制滿足框架解決經典的密碼算術問題（有關這個問題的全部內容，請回顧第 3 章的描述），而此問題也可以使用基因演算法在合理的時間內解決。

以公式表示基因演算法問題的解決方案的最大難題，是要確定如何表示它。便於表示密碼算術問題的方式，是使用串列索引表示數字 [2]。因此，為了表示 10 種可能的數字（0、1、2、3、4、5、6、7、8、9），需要 10 個元素的串列。然後這個問題所要搜尋的字元可以四處移動。例如，若猜測字元 “E” 是數字 4，就讓 `list[4] = "E"`。SEND+MORE=MONEY 有 8 個不同的字母（S、E、N、D、M、O、R、Y），這將使陣列留下兩個空位，可以用代表無字母的空格填入這些空位。

2 Reza Abbasian 和 Masoud Mazloom 著作的 “Solving Cryptarithmetic Problems Using Parallel Genetic Algorithm,”（2009 Second International Conference on Computer and Electrical Engineering） http://mng.bz/RQ7V.

表示 SEND+MORE=MONEY 問題的染色體已呈現在 SendMoreMoney2。要注意的是 fitness() 方法和第 3 章 SendMoreMoneyConstraint 裡的 satisfied() 非常類似。

程式 5.11 send_more_money2.py

```
from __future__ import annotations
from typing import Tuple, List
from chromosome import Chromosome
from genetic_algorithm import GeneticAlgorithm
from random import shuffle, sample
from copy import deepcopy


class SendMoreMoney2(Chromosome):
    def __init__(self, letters: List[str]) -> None:
        self.letters: List[str] = letters

    def fitness(self) -> float:
        s: int = self.letters.index("S")
        e: int = self.letters.index("E")
        n: int = self.letters.index("N")
        d: int = self.letters.index("D")
        m: int = self.letters.index("M")
        o: int = self.letters.index("O")
        r: int = self.letters.index("R")
        y: int = self.letters.index("Y")
        send: int = s * 1000 + e * 100 + n * 10 + d
        more: int = m * 1000 + o * 100 + r * 10 + e
        money: int = m * 10000 + o * 1000 + n * 100 + e * 10 + y
        difference: int = abs(money - (send + more))
        return 1 / (difference + 1)

    @classmethod
    def random_instance(cls) -> SendMoreMoney2:
        letters = ["S", "E", "N", "D", "M", "O", "R", "Y", " ", " "]
        shuffle(letters)
        return SendMoreMoney2(letters)

    def crossover(self, other: SendMoreMoney2) -> Tuple[SendMoreMoney2,
     SendMoreMoney2]:
        child1: SendMoreMoney2 = deepcopy(self)
        child2: SendMoreMoney2 = deepcopy(other)
        idx1, idx2 = sample(range(len(self.letters)), k=2)
        l1, l2 = child1.letters[idx1], child2.letters[idx2]
        child1.letters[child1.letters.index(l2)], child1.letters[idx2]
```

```
= child1.letters[idx2], l2
        child2.letters[child2.letters.index(l1)], child2.letters[idx1]
 = child2.letters[idx1], l1
        return child1, child2

    def mutate(self) -> None: # 交換 2 個字母的位置
        idx1, idx2 = sample(range(len(self.letters)), k=2)
        self.letters[idx1], self.letters[idx2] = self.letters[idx2],
 self.letters[idx1]
    def __str__(self) -> str:
        s: int = self.letters.index("S")
        e: int = self.letters.index("E")
        n: int = self.letters.index("N")
        d: int = self.letters.index("D")
        m: int = self.letters.index("M")
        o: int = self.letters.index("O")
        r: int = self.letters.index("R")
        y: int = self.letters.index("Y")
        send: int = s * 1000 + e * 100 + n * 10 + d
        more: int = m * 1000 + o * 100 + r * 10 + e
        money: int = m * 10000 + o * 1000 + n * 100 + e * 10 + y
        difference: int = abs(money - (send + more))
        return f"{send} + {more} = {money} Difference: {difference}"
```

不過第 3 章的 satisfied() 和這裡的 fitness() 有很大的不同。這裡我們傳回 1 / (difference + 1)。difference 是 MONEY 和 SEND+MORE 兩者差值的絕對值。這表示染色體距離問題解答的長度有多遠。如果我們試著將 fitness() 最小化，那麼單獨傳回 difference 並沒有問題。但是因為 GeneticAlgorithm 試著將 fitness() 的值最大化，因此我們取其倒數（因此較小的值看起來像較大的值），這就是為什麼 1 除以 difference。先將 1 加到 difference，因此 0 的 difference 不會產生 0 的 fitness() 而是 1。表 5.1 說明了它是如何運作。

表 5.1　方程式 1 /（差值 +1）如何產生最大的適應性

difference	difference + 1	fitness (1/(difference + 1))
0	1	1
1	2	0.5
2	3	0.25
3	4	0.125

請記住，差值愈小愈好，適應性愈大愈好。因為這個公式導致這兩個事實出現，所以運作得很好。將 1 除以適應值是將最小化問題轉換為最大化問題的簡單方式。但是它的確帶來了一些偏差，所以它並非萬無一失[3]。

random_instance() 利用了 random 模組裡的 shuffle() 函式。crossover() 在兩條染色體的 letters 串列裡選擇了兩個隨機索引，並且交換字母，如此一來，我們最終從第 1 條染色體取得一個字母放到第 2 條染色體相同索引位置，反之亦然。它在子代執行這些交換，以便兩子代的字母位置最終成為親代的結合。mutate() 則會將 letters 串列中隨機選兩個位置進行交換。

我們可以像置入 SimpleEquation 一樣輕易的將 SendMoreMoney2 置入 GeneticAlgorithm。但要事先警告：這是相當棘手的問題，如果參數調整得不好，程式就需執行很長的時間。就算參數設對了，仍然還是存在著無法預測的不規律！這個問題或許可以在幾秒鐘或幾分鐘之內解決。不過遺憾的是，這就是基因演算法的本質。

Listing 5.12 send_more_money2.py 承上

```
if __name__ == "__main__":
    initial_population: List[SendMoreMoney2] = [SendMoreMoney2.random_
     instance() for _ in range(1000)]
    ga: GeneticAlgorithm[SendMoreMoney2] = GeneticAlgorithm(initial_
     population=initial_population, threshold=1.0, max_generations
     = 1000, mutation_chance = 0.2, crossover_chance = 0.7, selection_
     type=GeneticAlgorithm.SelectionType.ROULETTE)
    result: SendMoreMoney2 = ga.run()
    print(result)
```

以下的結果是以每一代使用為數 1,000 的個體（如上所建立）並在 3 世代得到解答。看看你是否可以使用 GeneticAlgorithm 的可設定參數，並以更少的個體獲得類似的結果。以輪盤式選擇來運作似乎比對決式選擇更好嗎？

---

3 舉例來說，如果簡單地以均勻分布的整數除以 1，我們可能會得到更接近 0 的數值，而非更接近 1，這和微處理器解釋浮點數的細微之處有關，可能導致一些意想不到的結果。將最小化問題轉換為最大化問題的另一種作法是簡單地改變正負號。不過這只有在開始時值全為正的情況下才有效。

```
Generation 0 Best 0.0040650406504065045 Avg 8.854014252391551e-05
Generation 1 Best 0.16666666666666666 Avg 0.001277329479413134
Generation 2 Best 0.5 Avg 0.014920889170684687
8324 + 913 = 9237 Difference: 0
```

這個解決方案指出 SEND = 8324、MORE = 913、MONEY = 9237。這怎麼可能？看起來解決方案缺少了字母。實際上，如果 M = 0，那麼會有好幾組解在第 3 章不可能出現。實際上這裡的 MORE 是 0913，而 MONEY 是 09237。0 只是被忽略了。

5.5 串列壓縮的最佳化

假設我們有一些想要壓縮的資訊，假設它是一組項目的串列，而且我們並不在意這些項目的順序，只要它們完整無缺。這些項目什麼樣的順序可以達到最大的壓縮率？你知不知道項目的順序甚至會影響大多數壓縮演算法的壓縮率？

答案取決於所使用的壓縮演算法。對此例而言，我們將使用 zlib 模組裡的 compress() 函式及其標準設定。這裡列出完整的解決方案，它會壓縮串列裡的 12 個名稱。如果我們不執行基因演算法，而只以它們最初呈現的順序對 12 個名稱執行 compress()，所產生的壓縮資料將會是 165 個位元組。

程式 5.13 list_compression.py

```
from __future__ import annotations
from typing import Tuple, List, Any
from chromosome import Chromosome
from genetic_algorithm import GeneticAlgorithm
from random import shuffle, sample
from copy import deepcopy
from zlib import compress
from sys import getsizeof
from pickle import dumps

# 壓縮了 165 個位元組
PEOPLE: List[str] = ["Michael", "Sarah", "Joshua", "Narine", "David",
     "Sajid", "Melanie", "Daniel", "Wei", "Dean", "Brian", "Murat",
     "Lisa"]

class ListCompression(Chromosome):
    def __init__(self, lst: List[Any]) -> None:
```

```
        self.lst: List[Any] = lst

    @property
    def bytes_compressed(self) -> int:
        return getsizeof(compress(dumps(self.lst)))

    def fitness(self) -> float:
        return 1 / self.bytes_compressed

    @classmethod
    def random_instance(cls) -> ListCompression:
        mylst: List[str] = deepcopy(PEOPLE)
        shuffle(mylst)
        return ListCompression(mylst)

    def crossover(self, other: ListCompression) ->
     Tuple[ListCompression, ListCompression]:
        child1: ListCompression = deepcopy(self)
        child2: ListCompression = deepcopy(other)
        idx1, idx2 = sample(range(len(self.lst)), k=2)
        l1, l2 = child1.lst[idx1], child2.lst[idx2]
        child1.lst[child1.lst.index(l2)], child1.lst[idx2] =
     child1.lst[idx2], l2
        child2.lst[child2.lst.index(l1)], child2.lst[idx1] =
     child2.lst[idx1], l1
        return child1, child2

    def mutate(self) -> None: # 交換 2 個位置
        idx1, idx2 = sample(range(len(self.lst)), k=2)
        self.lst[idx1], self.lst[idx2] = self.lst[idx2], self.lst[idx1]

    def __str__(self) -> str:
        return f"Order: {self.lst} Bytes: {self.bytes_compressed}"

if __name__ == "__main__":
    initial_population: List[ListCompression] = [ListCompression.
     random_instance() for _ in range(1000)]
    ga: GeneticAlgorithm[ListCompression] = GeneticAlgorithm(initial_
     population=initial_population, threshold=1.0, max_generations
     = 1000, mutation_chance = 0.2, crossover_chance = 0.7, selection_
     type=GeneticAlgorithm.SelectionType.TOURNAMENT)
    result: ListCompression = ga.run()
    print(result)
```

請注意這個實作物與 5.4 節 SEND+MORE=MONEY 的實作物有多類似。`crossover()` 和 `mutate()` 函式基本上是相同的。在這兩個問題的解決方案裡，我們都是反覆地將串列裡的項目重新排列，然後再測試這些重新排列的結果。我們也可以為這兩個問題的解決方案編寫出可以解決各式各樣問題的通用超類別。任何問題如果可以表示成需要找出最佳順序的項目串列，都可以透過相同的方式來解決。自訂這種子類別唯一真正重點是它們各自的適應性函式。

如果我們執行 list_compression.py，可能需要很長時間才能完成。這是因為從一開始我們並不知道什麼是「正確」的答案，這和前面兩個問題不同，所以我們沒有真正的閾值可以用在即將面對的工作。取而代之的是，我們將每一代的世代數量和個體數量設成相當大的數值，並且希望會得到最佳的結果。重新排列 12 個名稱會讓壓縮產生的最小位元組數量為何？說真的，我們不知道答案。使用前面解決方案裡的設定處理我最好的結果，在 546 世代之後，基因演算法找到了某種順序可讓 12 個名稱在壓縮後只佔 159 個位元組。

這比原本的順序只節省了 6 個位元組，大約省了 4%。有人可能認為 4% 不痛不癢，但如果這是可以透過網路傳輸多次的更大的串列，累積下來就很可觀了。想像一下，如果這是最終會透過網際網路傳輸 10,000,000 次的 1 MB 串列，如果基因演算法可以最佳化串列順序讓壓縮結果節省 4%，那麼每次傳輸就能節省約 40 KB，而最終在所有的傳輸可以節省 400 GB 頻寬。這不是巨大的數量，但或許就值得執行一次演算法來找出用來壓縮的近似最佳順序。

雖然如此，但我們無法真的知道是不是找到了 12 個名稱的最佳順序，更不用說是假設的 1 MB 串列了。我們怎麼判斷自己真的找到了解答？除非我們對壓縮演算法有深入了解，不然我們就必須試著壓縮串列的每種可能的順序。既使是只有 12 筆項目的串列，就已經有相當難以實現的 479,001,600 種可能的順序（12!，其中的 ! 就是階乘）。因此就算我們不知道最終的解決方案是不是真的最佳化，使用想試圖找到最佳化的基因演算法仍是較可行的作法。

5.6 基因演算法的挑戰

基因演算法並非仙丹，事實上大多數的問題都不適合基因演算法。對於存在快速決定論演算法的問題，基因演算法的作法並無意義。它們固有的隨機特性讓它們的執行時間變得不可預測。為了解決這個問題，可以在經過特定的世代數量之後停止運算。但這樣的話就不清楚是不是找到了真正的最佳解決方案。

史帝文・斯基那（Steven Skiena）是很受歡迎的演算法教科書作者，他到目前為止甚至寫下這樣的話：

> 我還沒遇過任何看起來像是適合用基因演算法解決的問題。此外，我看過的基因演算法的運算結果也從未曾給我留下好印象。[4]

斯基那的觀點雖然有點極端，但它實際的意義卻是只有當你有理由相信沒有更好的解決方案時，才應該選擇基因演算法。基因演算法的另一個問題是決定怎麼將問題的潛在解決方案表示成染色體。傳統作法是將大部分問題表示成二進位字串（1 和 0 的序列）。這在空間使用方面通常是最理想的，而且它有助於簡化交換函式。但是大部分複雜的問題並不容易表示成可分割的位元串。

值得一提的還有另一個更為細節的議題，是和本章所述的輪盤式選擇方法有關的挑戰。輪盤式選擇有時稱為適應性比例選擇，由於每次執行選擇時相對適應的個體的優勢，可能導致群體缺乏多樣性。另一方面，如果適應值接近，輪盤式選擇可能導致擇汰壓力不足[5]。此外，如本章所建構的輪盤式選擇並無法用在能以負值測量適應性的問題，一如 5.3 節我們的簡單方程式範例。

總而言之，若是大到足以要保證使用它們的大部分問題，基因演算法無法保證在可預測的時間內發現最佳的解決方案。因為這個原因，它們最適合不需要最佳解決方案的情況，而是適合「夠好」的解決方案。它們相當容易實作，但調整它們可設定的參數可能需要不斷嘗試和摸索。

---

4 Steven Skiena,《*The Algorithm Design Manual*》, 第 2 版 (Springer, 2009), 第 267 頁。

5 A.E. Eiben and J.E. Smith,《*Introduction to Evolutionary Computation*》, 第 2 版 (Springer, 2015), 第 80 頁。

5.7 現實世界的應用

儘管斯基那有那樣的看法，但基因演算法還是經常有效地應用在無數的問題上。它們通常用在不要求完美最佳解答的難題，例如因為太過龐大而無法使用傳統方法解決的限制滿足問題，複雜的排程問題即為一例。

基因演算法在運算生物學已經有許多應用，它們已經成功用在蛋白質配體對接，這是在尋找小分子與受體結合的組態，除了用在藥物研究，也更能瞭解自然界裡的機制。

在第 9 章要探討的業務員旅行問題，是電腦科學裡很著名的問題之一。巡迴工作的業務員希望找出地圖上的最短路線，每個城市只能讓這條路線經過一次，而且還要讓業務員回到他起始之處。這聽起來或許像是第 4 章的最小生成樹，但兩者並不相同。在業務員旅行當中，解決方案是將巡迴巨大循環的成本最小化，相對的最小生成樹則是將連接每個城市的成本最小化。如果讓業務員去巡迴最小生成樹裡的城市，可能必須經過同一個城市兩次才能巡迴每個城市。即使它們聽起來相似，也沒有演算法來為業務員旅行大量城市的問題在合理的時間內找出解決方案。基因演算法已獲得證明可以在短時間內找到次優而絕佳的解決方案。這個問題廣泛的用在有效率的貨物流通。例如，FedEx 和 UPS 卡車的調度員每天使用軟體來解決業務員旅行問題。有助於解決問題的演算法可以降低各種行業的成本。

在電腦產生的藝術當中，有時候會使用基因演算法的隨機方式來模擬照片效果。想像一下，50 個多邊形隨機放置在螢幕，然後漸漸扭曲、旋轉、移動、調整大小、改變顏色，一直到它們盡可能接近而能和照片相匹配。執行的結果看起來就像抽象藝術家的作品，或者如果用了更多稜角的形狀，就是彩色玻璃窗了。

基因演算法是名為演化運算的龐大領域中的一環。和基因演算法密切相關的演化運算，其中一門技術則是**基因程式設計**（*genetic programming*），也就是以程式進行選擇、交換、突變等操作，來修改自身以找到程式設計問題不容易發現的解決方案。基因程式設計還不是廣泛使用的技術，但想像一下編寫生物自身程式的未來。

基因演算法的好處之一是它們很容易實作平行化。最明顯的情況就是每個群體可以在獨立的處理器模擬，最微觀的形式則是在獨立的緒程計算每個個體的突變、交換以及適應性。兩者之間也還有很多可能性。

5.8 練習

1. 讓 GeneticAlgorithm 能支援更為先進的對決式選擇，也就是可以根據遞減的機率，有時能選擇第 2 或第 3 優良的染色體。

2. 加入新功能到第 3 章的限制滿足框架，讓它能使用基因演算法來解決所有任意的 CSP（適應性可能測量是已被染色體找到解答的限制數量）。

3. 建立類別 BitString，以此類別來實作 Chromosome（回顧第 1 章想想何謂位元串）。然後使用你的新類別來解決 5.3 節的簡單的方程式問題。要如何將此問題編碼成位元串？

6 K 均值群聚演算法

人類從未有過比起現今更多關於社會種種面向的資料了。電腦非常適合儲存資料集，但這些資料集如果未曾經過人類分析，對社會並沒有價值。運算技術可以在人們從資料集得到意義的過程給予指導。

群聚（*Clustering*）是一種運算技術，可將資料集裡的點予以分組。成功的群聚所產生的分組將會包含彼此相關的點，這些關係是否具有意義通常需要人工驗證。

在群聚裡，資料點所屬的群組（也稱為*群聚*）並非預先決定，而是在執行群聚演算法的期間所決定。實際上，我們無法以預先假設的資訊引導這種演算法將任何特定的資料點放置到任何特定群聚裡。因此，群聚被視為機器學習領域裡的*無監督*（*unsupervised*）方法。你可以將「*無監督*」的意思想成*不受預知的資訊所指導*。

當你想要學習資料集的結構但卻未能提前知其組成時，群聚就是很有用的技術。例如，假設你擁有一家雜貨店，而且你收集了客戶及其交易的資料，然後你想在某一周的相關時間執行特價商品的行動廣告，希望能吸引客戶來店。你可以按照該週的日子和人口統計資訊試著對你的資料進行群聚，也許就會發現某個群聚呈現出年輕購物者更喜歡在星期二購物，那麼你就可以使用這些資訊在當天專門針對他們執行廣告。

6.1 前置作業

我們的群聚演算法需要一些統計基元（平均值、標準差等）。從 Python 3.4 開始，Python 標準程式庫在 statistics 模組提供了許多有用的統計基元。應該注意的是，雖然我們在本書遵守了標準程式庫，但是另外還有更多用於數值處理的高效能第三方程式庫，如 NumPy，應該用在特別要求效能的應用程式，尤其是那些處理巨量資料的應用程式。

為簡單起見，在本章使用的資料集全都能以 float 型別表示，因此本章將有很多 float 的串列和多元組的操作。統計基元 sum()、mean()、pstdev() 都定義在標準程式庫，它們的定義皆直接依循你能在統計教科書找到的公式。此外，我們將需要計算 z 分數的函式。

程式 6.1 kmeans.py

```
from __future__ import annotations
from typing import TypeVar, Generic, List, Sequence
from copy import deepcopy
from functools import partial
from random import uniform
from statistics import mean, pstdev
from dataclasses import dataclass
from data_point import DataPoint

def zscores(original: Sequence[float]) -> List[float]:
    avg: float = mean(original)
    std: float = pstdev(original)
    if std == 0: # 如果沒有變化就傳回所有的零
        return [0] * len(original)
    return [(x - avg) / std for x in original]
```

TIP pstdev() 會找出母體的標準差，而我們未使用的 stdev() 則會找出樣本的標準差。

zscores() 會將浮點數序列以相對於該序列裡所有原始數值各自的 z 分數轉換為浮點數串列。本章後續還有更多 z 分數的討論。

NOTE 雖然基本的統計教學已經超出本書範圍，但是你只需要對本章其餘部分的平均和標準差有基本瞭解即可。如果學過這些已經有一段時間而且需要復習，或者你之前從未學過這些術語，快速閱讀解釋這兩個基本概念的統計資源可能很值得。

所有群聚演算法都能處理資料點，我們的 k-means 實作物也不例外。我們將定義一個名為 DataPoint 的通用介面。為了簡明，我們將在它自己的檔案裡定義它。

程式 6.2 data_point.py

```
from __future__ import annotations
from typing import Iterator, Tuple, List, Iterable
from math import sqrt

class DataPoint:
    def __init__(self, initial: Iterable[float]) -> None:
        self._originals: Tuple[float, ...] = tuple(initial)
        self.dimensions: Tuple[float, ...] = tuple(initial)

    @property
    def num_dimensions(self) -> int:
        return len(self.dimensions)

    def distance(self, other: DataPoint) -> float:
        combined: Iterator[Tuple[float, float]] = zip(self.dimensions,
      other.dimensions)
        differences: List[float] = [(x - y) ** 2 for x, y in combined]
        return sqrt(sum(differences))

    def __eq__(self, other: object) -> bool:
        if not isinstance(other, DataPoint):
            return NotImplemented
        return self.dimensions == other.dimensions

    def __repr__(self) -> str:
        return self._originals.__repr__()
```

每個資料點都必須能與同型別的其他資料點做比較以檢查是否相等（`__eq__()`），並且要有方便閱讀的除錯列印（`__repr__()`）。每個資料點型別都有一定數量的維度（`num_dimensions`）。多元組 `dimensions` 將每個維度的實際數值儲存成 `float`。`__init__()` 方法從可迭代變數取得所需的維度值。這些維度稍後可能被 k-means 替換為 z 分數，所以我們也還會為了列印而在 `_originals` 裡保留初始資料的副本。

深入 k-means 之前我們需要的最後一件前置作業，是計算任兩個相同型別資料點之間距離的方式。計算距離的方式有很多種，但 k-means 最常用的形式是歐幾里德距離。這是學校幾何學課程裡熟悉的距離公式，可以從畢達哥拉斯定理推導出來。實際上，我們已經在第 2 章討論過公式，並必須推導出二維空間的版本，當時我們用它來找出迷宮裡兩個任意位置之間的距離。我們為 DataPoint 所作的版本必須更複雜，因為 DataPoint 可以涉及任意數量的維度。

這個版本的 distance() 特別簡潔，而且能和任意維度的 DataPoint 型別一起運作。呼叫 zip() 會用兩點在任一維度的值配對填入多元組，並用多元組組合成一序列。列表解析式找到兩點在每個維度的差並求其平方值。sum() 將這些值全部相加，而 distance() 最後傳回的數值就是總和的平方根。

6.2 k 均值群聚演算法

K-means 是一種群聚演算法，它根據每個點與群聚中心的相對距離，試著將資料點分組並聚集到某個預先定義數量的群聚裡。每一輪的 k-means 會計算每個資料點和每個群聚中心（稱為**質心** [*centroid*] 的點）之間的距離。點會被分配給最接近它們質心的群聚，然後這個演算法會重新計算所有的質心，找出每個群聚被分配的點的平均值，並且用新的均值換掉舊的質心。分配點和重新計算質心的過程會一直持續，直到質心停止移動或發生一定數量的迭代。

提供給 k-means 的初始點的每個維度需要在數量級上可以相互比較，不然的話，k-means 會根據最大差的維度造成群聚歪斜。讓不同型別資料（在我們的例子就是不同的維度）得以相互比較的過程稱為**正規化**（*normalization*）。其中一種常見的正規化資料方式，是估算每個值相對於同一型別的其他值的 ***z* 分數**（也稱為**標準分數** [*standard score*]）。藉由取得一值，從中減去所有值的平均值，再將結果除以所有值的標準差，即可計算 z 分數。前一節開頭所設計的 zscores() 函式可以對可迭代 float 裡的每個值正確執行這項操作。

k-means 主要的難題是選擇怎麼分配初始的質心。在我們即將實作的演算法的最基本形式，初始的質心是隨機放置在資料範圍裡。另一個難題是決定要將資料分成多少個群聚（k-means 裡的“k”）。在此經典的演算法，這個數字是由使用者決定，但使用者可能不知道正確的數字，這需要一些嘗試。我們將讓使用者來定義“k”。

組合以上所有的步驟和考量事項，這就是我們的 k-means 群聚演算法：

1 初始所有的資料點和空的“k”群聚。

2 正規化所有的資料點。

3 建立和每個群聚的隨機質心。

4 分配每個資料點給最接近它質心的群聚。

5 重新計算每個質心，讓它成為與之關聯的群聚的中心（平均值）。

6 重複步驟 4 和 5，直到達到最大迭代次數或質心停止移動（收斂）。

就概念而言，k-means 實際上非常簡單：每次迭代時，每個資料點都和群聚中心最接近的群聚相關聯。當新的點和群聚相關聯時，該中心會移動。參見如圖 6.1 所示。

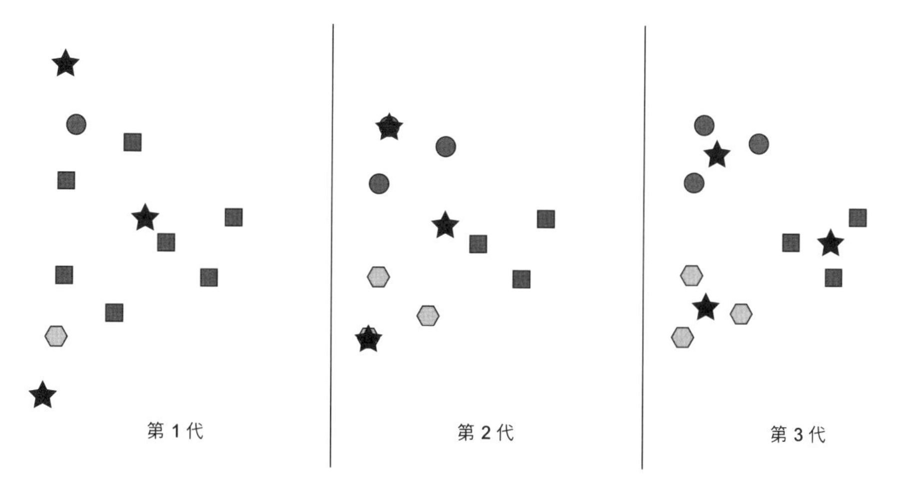

圖 6.1　k-means 針對任意資料集執行 3 代的範例。星星表示質心，顏色和形狀代表目前（更改）的群聚成員。

我們即將針對此演算法的狀態維護和執行，實作一個類似第 5 章 `GeneticAlgorithm` 的類別。現在要回到 kmeans.py 檔案。

程式 6.3 kmeans.py 承上

```
Point = TypeVar('Point', bound=DataPoint)


class KMeans(Generic[Point]):
    @dataclass
    class Cluster:
        points: List[Point]
        centroid: DataPoint
```

KMeans 是泛型類別，它能如同 Point 型別的 bound 所定義的，和 DataPoint 或 DataPoint 的任何子類別一起運作。

現在我們將繼續外部類別的 __init__() 方法。

程式 6.4 kmeans.py 承上

```
def __init__(self, k: int, points: List[Point]) -> None:
    if k < 1: # k-means 無法處理負或零群聚
        raise ValueError("k must be >= 1")
    self._points: List[Point] = points
    self._zscore_normalize()
    # 以隨機質心初始空群聚
    self._clusters: List[KMeans.Cluster] = []
    for _ in range(k):
        rand_point: DataPoint = self._random_point()
        cluster: KMeans.Cluster = KMeans.Cluster([], rand_point)
        self._clusters.append(cluster)

@property
def _centroids(self) -> List[DataPoint]:
    return [x.centroid for x in self._clusters]
```

KMeans 有一個與之關聯的陣列 _points，這裡面有資料集裡的所有點。這些點在群聚之間進一步劃分，而這些群聚則儲存在名稱合宜的 _clusters 變數。當 KMeans 實體化，它需要知道要建立多少個群聚（k）。每個群聚最初都有一個隨機的質心。所有要用在演算法裡的資料點會以 z 分數予以正規化。運算過的 _centroids 屬性傳回所有群聚的質心，而這些群聚則和演算法有所關聯。

程式 6.5 kmeans.py 承上

```
def _dimension_slice(self, dimension: int) -> List[float]:
    return [x.dimensions[dimension] for x in self._points]
```

_dimension_slice() 是個可視為是傳回一行資料的方便方法，它將傳回由每個資料點裡面特定索引的每個值所組成的串列。例如，若資料點是 DataPoint 型別，那麼 _dimension_slice(0) 將傳回每個資料點第一維度的值的串列。這在以下正規化方法裡面將會很有用。

程式 6.6 kmeans.py 承上

```
def _zscore_normalize(self) -> None:
    zscored: List[List[float]] = [[] for _ in range(len(self._points))]
    for dimension in range(self._points[0].num_dimensions):
        dimension_slice: List[float] = self._dimension_slice(dimension)
        for index, zscore in enumerate(zscores(dimension_slice)):
            zscored[index].append(zscore)
    for i in range(len(self._points)):
        self._points[i].dimensions = tuple(zscored[i])
```

_zscore_normalize() 會將資料點的每個 dimensions 多元組裡的值代換成其對應的 z 分數。這使用我們之前為 float 序列所定義的 zscores() 函式。儘管替換了 dimensions 多元組裡的值，但卻沒有替換掉 DataPoint 裡的 _originals 多元組。這個作法相當有用，因為在兩個地方都有儲存，所以演算法執行之後，演算法的使用者還是可以取得正規化之前的維度原始值。

程式 6.7 kmeans.py 承上

```
def _random_point(self) -> DataPoint:
    rand_dimensions: List[float] = []
    for dimension in range(self._points[0].num_dimensions):
        values: List[float] = self._dimension_slice(dimension)
        rand_value: float = uniform(min(values), max(values))
        rand_dimensions.append(rand_value)
    return DataPoint(rand_dimensions)
```

上述的 _random_point() 方法用在 __init__() 方法為每個群聚建立初始的隨機質心。它將每個點的隨機值限制在現有資料點值的範圍內，並且使用我們之前在 DataPoint 指定的建構式，從可迭代的值建立一個新點。

現在，我們將檢視替資料點找到適當群聚的方法。

程式 6.8 kmeans.py 承上

```
# 找到最接近每個點的群聚質心，並將該點指定給那個群聚
def _assign_clusters(self) -> None:
    for point in self._points:
        closest: DataPoint = min(self._centroids,
     key=partial(DataPoint.distance, point))
        idx: int = self._centroids.index(closest)
        cluster: KMeans.Cluster = self._clusters[idx]
        cluster.points.append(point)
```

縱貫本書，我們建立了幾個能夠從串列找到最小值或最大值的函式。於此的作法依然相同。在這種情況，我們正在尋找和每個個別點的距離最小的群聚質心，然後將此點分配給該群聚。唯一麻煩的是使用由 `partial()` 居間的函式作為 `min()` 的索引鍵。`partial()` 需要函式，並在套用此函式之前將它的參數提供給它。在這種情況，我們提供 `DataPoint.distance()` 方法，並搭配我們正在計算的點作為它的 `other` 參數。這會計算每個質心到點的距離，並且 `min()` 會傳回距離最近的質心。

程式 6.9 kmeans.py 承上

```
# 找到每個群聚的中心，並將質心移到該處
def _generate_centroids(self) -> None:
    for cluster in self._clusters:
        if len(cluster.points) == 0: # 若無點即保持同一質心
            continue
        means: List[float] = []
        for dimension in range(cluster.points[0].num_dimensions):
            dimension_slice: List[float] = [p.dimensions[dimension] for
     p in cluster.points]
            means.append(mean(dimension_slice))
        cluster.centroid = DataPoint(means)
```

全部的點分配給群聚之後，將會計算新的質心。這涉及了計算群聚裡每個點的每個維度的平均值。接著，組合每個維度的平均值來找出群聚裡的「平均點」，成為新的質心。請注意，這裡我們不能使用 `_dimension_slice()`，因為所討論的這些點都是所有點的子集合（只是那些屬於特定群聚的點）。該如何重寫 `_dimension_slice()` 讓它能更為通用呢？

現在，讓我們檢視實際執行演算法的方法。

程式 6.10 kmeans.py 承上

```
def run(self, max_iterations: int = 100) -> List[KMeans.Cluster]:
    for iteration in range(max_iterations):
        for cluster in self._clusters: # 清除所有的群聚
            cluster.points.clear()
        self._assign_clusters() # 找到每個點最接近的群聚
        old_centroids: List[DataPoint] = deepcopy(self._centroids)
 # 記錄
        self._generate_centroids() # 找出新質心
        if old_centroids == self._centroids: # 移動質心了嗎?
            print(f"Converged after {iteration} iterations")
            return self._clusters
    return self._clusters
```

run() 是原始演算法最純粹的表現方式。出乎你意料的演算法唯一的改變，是在每次迭代開始時刪除所有的點。因為如果不這麼做，_assign_clusters() 方法（一如程式碼所編寫的那樣）最終會在每個群聚放置重複的點。

你可以使用 DataPoint 並將 k 設為 2，來執行快速測試。

程式 6.11 kmeans.py 承上

```
if __name__ == "__main__":
    point1: DataPoint = DataPoint([2.0, 1.0, 1.0])
    point2: DataPoint = DataPoint([2.0, 2.0, 5.0])
    point3: DataPoint = DataPoint([3.0, 1.5, 2.5])
    kmeans_test: KMeans[DataPoint] = KMeans(2, [point1, point2, point3])
    test_clusters: List[KMeans.Cluster] = kmeans_test.run()
    for index, cluster in enumerate(test_clusters):
        print(f"Cluster {index}: {cluster.points}")
```

因為其中涉及隨機，所以你的結果可能有所不同。預期的結果可能會像這樣：

```
Converged after 1 iterations
Cluster 0: [(2.0, 1.0, 1.0), (3.0, 1.5, 2.5)]
Cluster 1: [(2.0, 2.0, 5.0)]
```

6.3 以年紀和經度群聚美國州長

美國每一州都有州長。2017 年 6 月，這些州長的年齡從 42 歲到 79 歲都有。如果我們把美國從東到西檢查一遍，以經度觀察每一州，也許可以找到有類似經度和類似年紀的州長的州群聚。圖 6.2 是所有 50 位州長的散佈圖，x 軸是州的經度，y 軸是州長年紀。

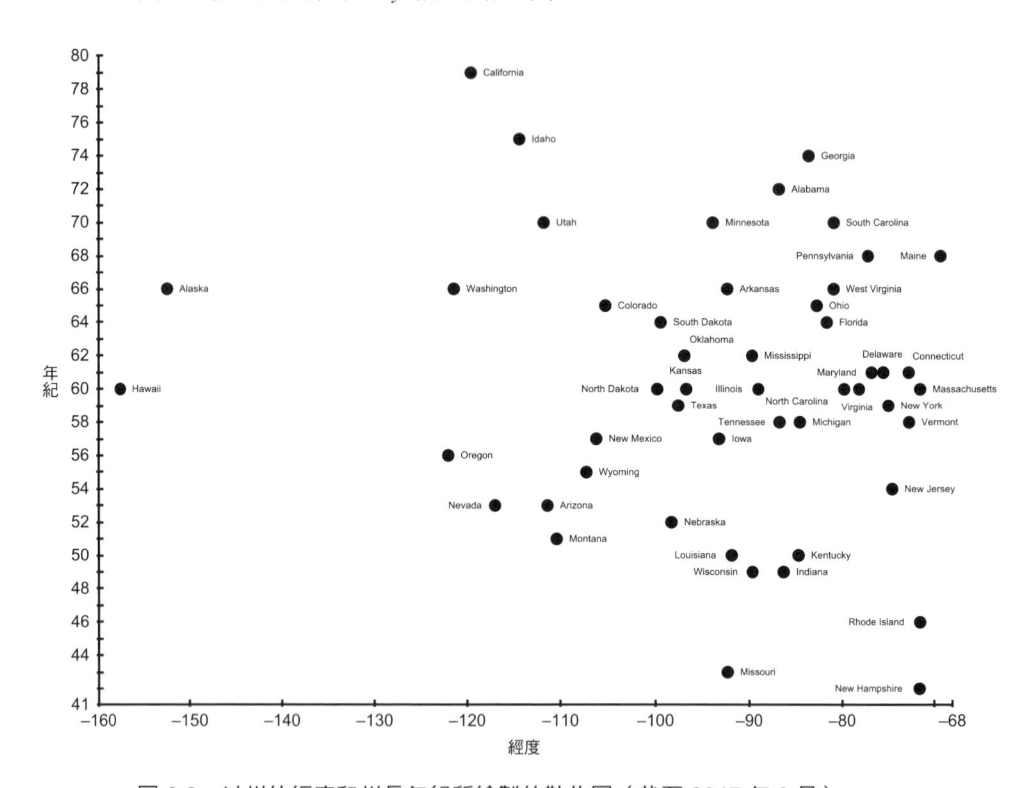

圖 6.2　以州的經度和州長年紀所繪製的散佈圖（截至 2017 年 6 月）。

圖 6.2 裡是否有明顯的群聚？此圖裡的座標軸並未正規化，而是原始資料。如果群聚都很明顯，就不需要群聚演算法了。

讓我們試著將資料餵給 k-means。首先，我們需要呈現個別資料點的方式。

程式 6.12 governors.py

```
from __future__ import annotations
from typing import List
from data_point import DataPoint
from kmeans import KMeans


class Governor(DataPoint):
    def __init__(self, longitude: float, age: float, state: str) ->
     None:
        super().__init__([longitude, age])
        self.longitude = longitude
        self.age = age
        self.state = state

    def __repr__(self) -> str:
        return f"{self.state}: (longitude: {self.longitude}, age:
     {self.age})"
```

Governor 有兩個已經命名和已經儲存的維度：longitude 和 age。除此之外，Governor 不對其超類別 DataPoint 的邏輯部分進行修改，除了用於列印出精美結果的覆寫物 __repr__()。手動輸入以下資料相當不合理，因此請查看伴隨本書的原始碼儲藏庫。

程式 6.13 governors.py 承上

```
if __name__ == "__main__":
    governors: List[Governor] = [Governor(-86.79113, 72, "Alabama"),
     Governor(-152.404419, 66, "Alaska"),
                 Governor(-111.431221, 53, "Arizona"),
     Governor(-92.373123, 66, "Arkansas"),
                 Governor(-119.681564, 79, "California"),
     Governor(-105.311104, 65, "Colorado"),
                 Governor(-72.755371, 61, "Connecticut"), Governor(
     -75.507141, 61, "Delaware"),
                 Governor(-81.686783, 64, "Florida"),
     Governor(-83.643074, 74, "Georgia"),
                 Governor(-157.498337, 60, "Hawaii"),
     Governor(-114.478828, 75, "Idaho"),
                 Governor(-88.986137, 60, "Illinois"),
     Governor(-86.258278, 49, "Indiana"),
                 Governor(-93.210526, 57, "Iowa"), Governor(-96.726486,
     60, "Kansas"),
                 Governor(-84.670067, 50, "Kentucky"),
     Governor(-91.867805, 50, "Louisiana"),
```

```
                Governor(-69.381927, 68, "Maine"), Governor(-76.802101,
61, "Maryland"),
                Governor(-71.530106, 60, "Massachusetts"), Governor(
-84.536095, 58, "Michigan"),
                Governor(-93.900192, 70, "Minnesota"),
Governor(-89.678696, 62, "Mississippi"),
                Governor(-92.288368, 43, "Missouri"),
Governor(-110.454353, 51, "Montana"),
                Governor(-98.268082, 52, "Nebraska"),
Governor(-117.055374, 53, "Nevada"),
                Governor(-71.563896, 42, "New Hampshire"), Governor(
-74.521011, 54, "New Jersey"),
                Governor(-106.248482, 57, "New Mexico"), Governor(
-74.948051, 59, "New York"),
                Governor(-79.806419, 60, "North Carolina"), Governor(
-99.784012, 60, "North Dakota"),
                Governor(-82.764915, 65, "Ohio"), Governor(-96.928917,
62, "Oklahoma"),
                Governor(-122.070938, 56, "Oregon"),
Governor(-77.209755, 68, "Pennsylvania"),
                Governor(-71.51178, 46, "Rhode Island"),
Governor(-80.945007, 70, "South Carolina"),
                Governor(-99.438828, 64, "South Dakota"), Governor(
-86.692345, 58, "Tennessee"),
                Governor(-97.563461, 59, "Texas"),
Governor(-111.862434, 70, "Utah"),
                Governor(-72.710686, 58, "Vermont"),
Governor(-78.169968, 60, "Virginia"),
                Governor(-121.490494, 66, "Washington"), Governor(
-80.954453, 66, "West Virginia"),
                Governor(-89.616508, 49, "Wisconsin"),
Governor(-107.30249, 55, "Wyoming")]
```

我們要將 k 設為 2 來執行 k-means。

程式 6.14 governors.py 承上

```
kmeans: KMeans[Governor] = KMeans(2, governors)
gov_clusters: List[KMeans.Cluster] = kmeans.run()
for index, cluster in enumerate(gov_clusters):
    print(f"Cluster {index}: {cluster.points}\n")
```

因為它以隨機的質心開始，所以每次執行的 KMeans 都可能傳回不同的群聚。這需要進行一些人工的分析來檢查群聚是不是真的相關。以下是來自我們執行結果的有趣群聚：

```
Converged after 5 iterations
Cluster 0: [Alabama: (longitude: -86.79113, age: 72), Arizona:
     (longitude: -111.431221, age: 53), Arkansas: (longitude:
     -92.373123, age: 66), Colorado: (longitude: -105.311104, age: 65),
     Connecticut: (longitude: -72.755371, age: 61), Delaware:
     (longitude: -75.507141, age: 61), Florida: (longitude: -81.686783,
     age: 64), Georgia: (longitude: -83.643074, age: 74), Illinois:
     (longitude: -88.986137, age: 60), Indiana: (longitude: -86.258278,
     age: 49), Iowa: (longitude: -93.210526, age: 57), Kansas:
     (longitude: -96.726486, age: 60), Kentucky: (longitude: -84.670067,
     age: 50), Louisiana: (longitude: -91.867805, age: 50), Maine:
     (longitude: -69.381927, age: 68), Maryland: (longitude: -76.802101,
     age: 61), Massachusetts: (longitude: -71.530106, age: 60),
     Michigan: (longitude: -84.536095, age: 58), Minnesota: (longitude:
     -93.900192, age: 70), Mississippi: (longitude: -89.678696, age:
     62), Missouri: (longitude: -92.288368, age: 43), Montana:
     (longitude: -110.454353, age: 51), Nebraska: (longitude:
     -98.268082, age: 52), Nevada: (longitude: -117.055374, age: 53),
     New Hampshire: (longitude: -71.563896, age: 42), New Jersey:
     (longitude: -74.521011, age: 54), New Mexico: (longitude:
     -106.248482, age: 57), New York: (longitude: -74.948051, age:
     59), North Carolina: (longitude: -79.806419, age: 60), North
     Dakota: (longitude: -99.784012, age: 60), Ohio: (longitude:
     -82.764915, age: 65), Oklahoma: (longitude: -96.928917, age:
     62), Pennsylvania: (longitude: -77.209755, age: 68), Rhode Island:
     (longitude: -71.51178, age: 46), South Carolina: (longitude:
     -80.945007, age: 70), South Dakota: (longitude: -99.438828, age:
     64), Tennessee: (longitude: -86.692345, age: 58), Texas:
     (longitude: -97.563461, age: 59), Vermont: (longitude: -72.710686,
     age: 58), Virginia: (longitude: -78.169968, age: 60), West
     Virginia: (longitude: -80.954453, age: 66), Wisconsin: (longitude:
     -89.616508, age: 49), Wyoming: (longitude: -107.30249, age: 55)]

Cluster 1: [Alaska: (longitude: -152.404419, age: 66), California:
     (longitude: -119.681564, age: 79), Hawaii: (longitude: -157.498337,
     age: 60), Idaho: (longitude: -114.478828, age: 75), Oregon:
     longitude: -122.070938, age: 56), Utah: (longitude: -111.862434,
     age: 70), Washington: (longitude: -121.490494, age: 66)]
```

群聚 1 代表最西邊的各州，它們在地理上全都彼此相鄰（如果把阿拉斯加和夏威夷看成是毗鄰太平洋沿岸各州）。它們都有年紀相對較大的州長，也因此形成一個有趣的群聚。太平洋沿岸的人喜歡較為年長的州長嗎？除了有相關之外，我們無法從這些群聚確認任何結論。圖 6.3 畫出了這樣的結果。方塊是群聚 1，圓圈是群聚 0。

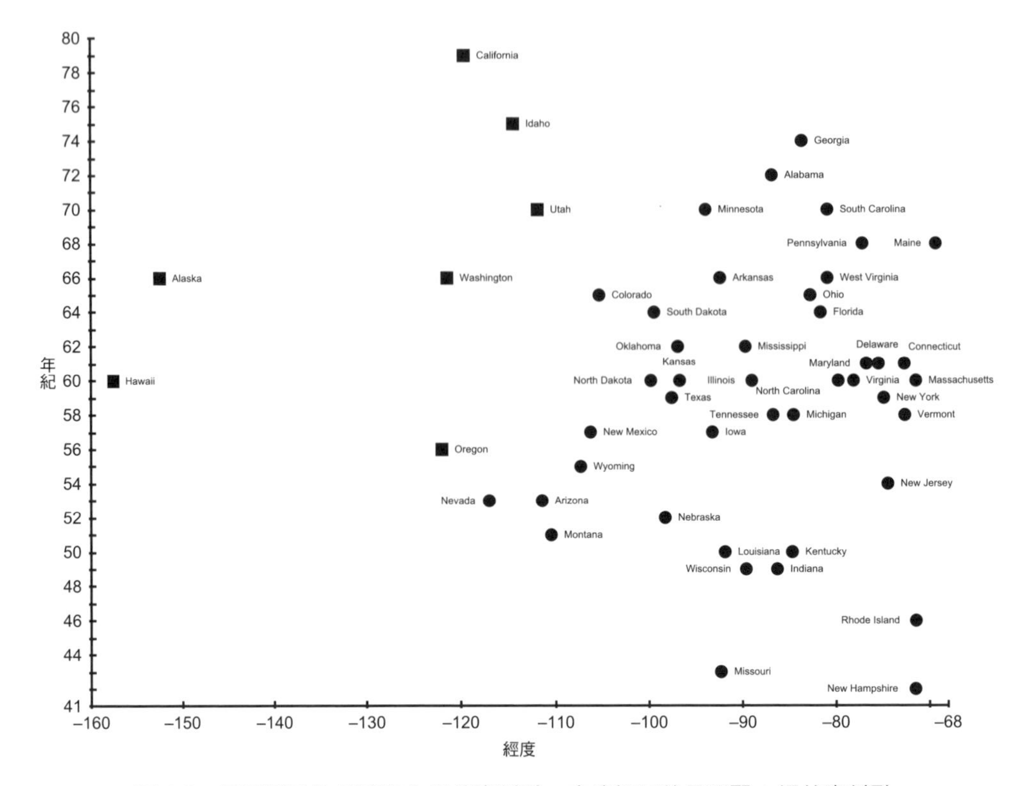

圖 6.3 圓圈標示的是群聚 0 裡的資料點，方塊標示的是群聚 1 裡的資料點。

TIP 要再次強調，使用以隨機方式初始質心的 k-means，每次結果將會不同。因此對任何資料集，請多執行幾次 k-means。

6.4 以長度群聚麥可・傑克森

麥可・傑克森發行了 10 張個人的錄音室專輯。在以下的例子，我們將檢視兩項維度（以分計算的專輯長度、曲目數量）來群聚這些專輯。這個範例和之前州長的例子形成很好的對照，因為即使沒有執行 k-means，也很容易看到原始資料集裡的群聚。像這樣的例子是幫群聚演算法實作物除錯的好方法。

NOTE 本章的這兩個範例利用了二維資料點，但 k-means 能和任何維度的資料點運作。

以下就是這個範例的完整程式碼列表。如果執行此例之前看過程式碼列表後面的專輯資料，就能很清楚的發現麥可・傑克森在他生涯結束前製作了更長的專輯。所以，專輯的兩個群聚可能應該分成早期專輯和後期專輯。*HIStory: Past, Present, and Future, Book I* 是個異常值，而且在邏輯上也可以視為一個獨立的群聚。**異常值**（*outlier*）是位於資料集正常界限之外的資料點。

程式 6.15 mj.py

```
from __future__ import annotations
from typing import List
from data_point import DataPoint
from kmeans import KMeans


class Album(DataPoint):
    def __init__(self, name: str, year: int, length: float, tracks:
     float) -> None:
        super().__init__([length, tracks])
        self.name = name
        self.year = year
        self.length = length
        self.tracks = tracks

    def __repr__(self) -> str:
        return f"{self.name}, {self.year}"


if __name__ == "__main__":
    albums: List[Album] = [Album("Got to Be There", 1972, 35.45, 10),
     Album("Ben", 1972, 31.31, 10),
                              Album("Music & Me", 1973, 32.09, 10),
     Album("Forever, Michael", 1975, 33.36, 10),
                              Album("Off the Wall", 1979, 42.28, 10),
     Album("Thriller", 1982, 42.19, 9),
                              Album("Bad", 1987, 48.16, 10),
     Album("Dangerous", 1991, 77.03, 14),
                              Album("HIStory: Past, Present and Future,
     Book I", 1995, 148.58, 30), Album("Invincible", 2001, 77.05, 16)]
    kmeans: KMeans[Album] = KMeans(2, albums)
    clusters: List[KMeans.Cluster] = kmeans.run()
    for index, cluster in enumerate(clusters):
        print(f"Cluster {index} Avg Length {
     cluster.centroid.dimensions[0]} Avg Tracks {
     cluster.centroid.dimensions[1]}: {cluster.points}\n")
```

請注意，特性 name 和 year 只是為了標示的目的而加以記錄，而且不包括在實際群聚的運算。以下是輸出的範例：

```
Converged after 1 iterations
Cluster 0 Avg Length -0.5458820039179509 Avg Tracks -0.5009878988684237:
    [Got to Be There, 1972, Ben, 1972, Music & Me, 1973, Forever,
    Michael, 1975, Off the Wall, 1979, Thriller, 1982, Bad, 1987]

Cluster 1 Avg Length 1.2737246758085523 Avg Tracks 1.1689717640263217:
    [Dangerous, 1991, HIStory: Past, Present and Future, Book I, 1995,
    Invincible, 2001]
```

報告的群聚平均值很有趣。請注意其中的平均值是 z 分數。群聚 1 的 3 張專輯，麥可 • 傑克森的最後 3 張專輯，比他 10 張個人專輯的平均值大約多了 1 個標準差。

6.5 K-means 群聚的問題和延伸

使用隨機起點實作 k-means 群聚時，可能會完全錯過資料內有用的分點。這常會造成操作者大量反覆嘗試和摸索。如果操作者無法精準洞悉應該存在多少組資料，找出 "k"（群聚的數量）的正確值不僅困難而且也容易出錯。

還有更複雜的 k-means 版本可以試著進行有經驗的猜測，或針對這些有問題的變數進行自動化的嘗試和摸索。有一個流行的變體是 k-means++，它根據每個點的距離的機率分佈（而非純粹隨機）來選擇質心，以此試著解決初始化問題。對於許多應用來說，更好的選擇是根據提前得知的資料為每個質心選擇良好的起始區域，也就是某個可讓演算法使用者選擇初始質心的 k-means 版本。

k-means 群聚的執行時期和資料點的數量、群聚的數量、資料點的維數成正比。如果存在大量高維度的點，它的基本形式可能就變得不合用。有些擴展會在每個點和每個中心之間盡可能試著不要執行太多的計算，方法是在執行計算之前，先估算某個點是不是真的可能移到另一個群聚。多點或高維度資料集的另一種選項是只用採樣的資料點執行 k-means，這樣得到的群聚應該會接近執行完整 k-means 演算法的結果。

資料集裡的異常值可能導致 k-means 產生奇怪的結果。如果初始的質心正好落在異常值附近，可能就會形成只有一個資料點的群聚（例如可能發生在麥可 • 傑克森範例的 *HIStory* 專輯）。移除異常值可能會讓 K-means 執行得更好。

最後，平均值並非總被認為是衡量中心的好方式。K-medians 檢視每個維度的中位數，k-medoids 使用資料集裡實際的點作為每個群聚的中間。選擇每種中心化的方法都有超出本書範圍的統計學原因，但常識告訴我們，對於棘手的問題，可能值得嘗試每種方法並檢視結果。每一種實作物並沒有那麼不同。

6.6　現實世界的應用

群聚通常是資料科學家和統計分析師的領域，它廣被應用在解讀各種領域的資料所隱藏的意義，尤其對資料集的結構所知甚少時，K-means 群聚就是很有用的技術。

群聚在資料分析是一種非常重要的技術。想像一下，警察部門想要知道該讓警察在哪裡巡邏；想像一下，速食業者想要找出最好的顧客在哪裡，並且發送促銷；想像一下，船舶租賃經營業者想以分析事故發生時間和肇事者來減少事故。現在想像一下如何使用群聚來解決他們的問題。

群聚有助於模式辨識，群聚演算法可以偵測人眼看不到的模式。例如群聚有時可以用在生物學來識別出一群不協調的細胞。

群聚在圖像辨識有助於識別不容易發現的特徵，將個別像素視為資料點，而它們之間的關係則由距離和色差定義。

群聚在政治學有時會用來找出目標選民。政黨能否將找出某處失去選舉權的選民，以便將競選資金集中目標？類似的選民可能會關心哪些議題？

6.7　練習

1. 建立一個可以將 CSV 檔案裡的資料匯入成 `DataPoint` 的函式。
2. 請建立一個會使用像 `matplotlib` 這樣的外部程式庫的函式，讓此函式替任何二維資料集執行 `Kmeans` 的結果建立彩色分佈圖。

3 為 `KMeans` 建立新的初始化設定式，這個新的設定式能接受指定的初始質心位置，而非隨機分配它們。

4 研究並實作 k-means++ 演算法。

7 超簡單神經網路

時至 2010 年代末期，當我們聽到人工智慧的進展，他們大都很關注某個特定學科的分支，稱為**機器學習**（*machine learning*，不需明確告訴電腦，電腦即可學習某些新資訊）。這些進步通常是由稱為**神經網路**（*neural networks*）的特定機器學習技術所驅動。雖然數十年前就發明了神經網路，但隨著更好的硬體和新近發現、出自學術研究的軟體技術，開啟了一種稱為**深度學習**（*deep learning*）的新典範，神經網路已經經歷了某種文藝復興。

深度學習是一種可以應用在很多地方的技術，而且這已經獲得證明：從對沖基金演算法到生物資訊學，深度學習對這一切都很有用。消費者熟悉的兩種深度學習應用是圖形辨識和語音辨識。如果你曾經問過數位助理天氣如何，或者有照片程式辨識你的臉，就有可能正在執行深度學習。

深度學習技術所利用的基礎構建和較為簡單的神經網路相同。我們將在本章構建一個簡單的神經網路來探索這些基礎。它並非最先進，但以此為基礎可幫助你瞭解深度學習（它當然是利用了更複雜的神經網路）。多數機器學習業者不會從零開始構建神經網路，而是使用流行、高度最佳化的現成框架來完成繁重工作。雖然本章不會幫助你學習使用任何特定的框架，而且我們即將構建的網路對實際應用也沒有用，但是它將有助於你瞭解這些框架在底層的運作方式。

7.1 生物學基礎？

人類的大腦是現存最難以置信的運算裝置，它不能像微處理器一樣快速的處理數字，但它適應新情況、學習新技能的能力，和它的創造性，都不是任何已知機器所能超越。自電腦問世以來，科學家一直想建立大腦運作機制的模型。大腦裡的每個神經細胞稱為**神經元**（*neuron*）。大腦裡的神經元透過稱為**突觸**（*synapses*）的連結互相連接而構成網路。電流傳過突觸提供動力給這些神經元網路，也就是**神經網路**（*neural networks*）。

> **NOTE** 前面對生物神經元的描述是為了類比而過度簡化。事實上，生物神經元有諸如軸突、樹突和細胞核等部分，如果你上過高中生物學可能還記得。而且突觸實際上是神經元之間的間隙，這些間隙會分泌神經傳導物讓電流信號通過。

雖然科學家已經確認了神經元的組成和它的功能，但生物神經網路如何形成複雜的思維模式，這部分的細節仍然沒有獲得很好的瞭解。它們如何處理資訊？它們如何形成原創的思想？我們對大腦如何運作的大部分知識是來自宏觀層面對大腦的觀察。大腦的功能磁共振造影（fMRI）掃描顯示出當人進行特定活動或思考特定想法時的血液流動位置（如圖 7.1 所示）。這種和其他的宏觀技術可以推斷出各個部分是如何連接，但它們並沒有解釋各個神經元如何幫助新思維發展的神秘面紗。

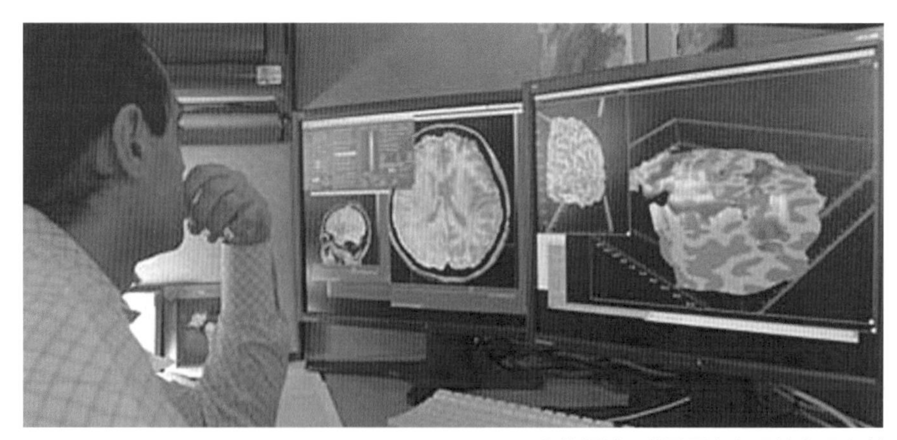

公共領域，美國國家心理健康研究所

圖 7.1 研究人員正在研究大腦的 fMRI 圖形。fMRI 圖形並沒有告訴我們太多各個神經元的功能或者神經網路如何組成。

全球的科學家團隊正相爭解開大腦的秘密，但是請記住：人類大腦裡有大約 100,000,000,000 個神經元，而且每個神經元都可能和數萬個其他神經元有連接。因此即使是擁有數十億邏輯閘和兆位元組記憶體的電腦，也不可能使用現今的技術來模擬單一人腦。所以在可預見的未來，人類依然可能是最先進的通用學習實體。

NOTE 開發出一種和人類能力相當的通用學習機是所謂**強** *AI*（*strong AI*，也稱為通用人工智慧 [*artificial general intelligence*]）的目標。在歷史的此刻，它仍只是科幻小說的題材。**弱** *AI*（*weak AI*）則是你每天看到的 AI 類型：電腦聰明的解決它們預先設定要完成的特定任務。

如果不完全瞭解生物神經網路，那以它們為模型如何能成為有效的運算技術呢？雖然稱為**人工神經網路**（*artificial neural networks*）的數位神經網路受到生物神經網路的啟發，但靈感卻是相似之處的終點。現代的人工神經網路並未宣稱其運作方式與生物神經網路相同。事實上，這並不可能，因為我們還不完全瞭解生物神經網路如何運作。

7.2 人工神經網路

這一節將要討論的可說是最常見的人工神經網路類型，這是一種**反向傳播**（*backpropagation*）的**前饋**（*feed-forward*）網路，稍後還會再討論與此相同的類型。**前饋**意味著信號通常以同一方向經過網路移動。**反向傳播**的意思是我們將在每個信號流動經過網路結束時確認錯誤，並試著反向的透過網路散佈那些錯誤的修正，尤其是影響到對它們最有責任的神經元。還有許多其他類型的人工神經網路，或許本章會激起你進一步探索的興趣。

7.2.1 神經元

人工神經網路裡的最小單位是神經元，它包含了一個僅為浮點數的權重向量（簡稱權向量）。輸入的向量（也只是浮數）會傳遞給神經元。它會使用內積合併它的權重和這些輸入，然後在其乘積執行**激勵函數**（*activation function*），並且將結果作為它的輸出。這個動作可視為類似真正的神經元燃點（neuron firing）。

激勵函數是神經元輸出的轉換器，這種函數幾乎都是非線性，它允許神經網路表示成非線性問題的解決方案。如果沒有激勵函數，整個神經網路就只是線性轉換。圖 7.2 是單一神經元及其運作的示意圖。

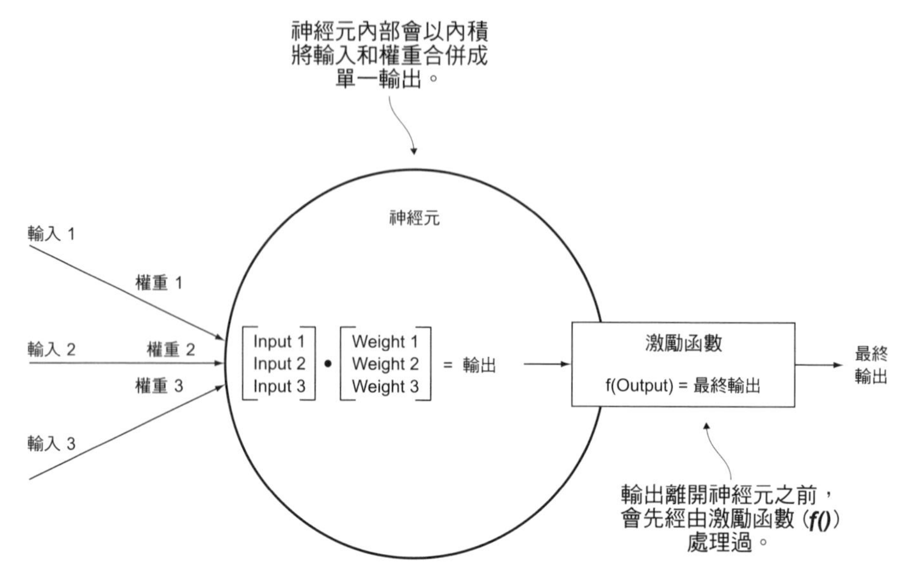

圖 7.2 單一神經元合併它的權重和輸入信號，產生一個由激勵函數修改的輸出信號。

NOTE 本節有一些你可能自從線性代數或微積分先修課程之後就不再見過的數學術語。解釋何謂向量或內積已超出了本章的範圍，但即使未能理解所有數學，你還是可能藉由本章後續內容，以直覺的方式瞭解神經網路。本章後面會有一些微積分，包括使用導數和偏導數，但即使無法瞭解所有的數學，你應該也能看得懂這些程式碼。實際上，本章不會解釋如何使用微積分推導公式，相反的是，本章會將焦點放在推導的使用。

7.2.2 分層

典型的前饋人工神經網路是將神經元組織在各個分層裡。每一層由一列或一行所排列的一定數量的神經元組成（行或列只是依圖表表現方式有異，實際上並無差別）。在我們即將建置的前饋網路，信號的傳遞必是單向的從某一層傳到下一層。每一層裡的神經元會送出它們的輸出信號，作為下一層裡神經元的輸入。每一層裡的每個神經元都連接到下一層裡的每個神經元。

第一層稱為**輸入層**（*input layer*），它從某個外部實體接收其信號。最後一層稱為**輸出層**（*output layer*），它的輸出通常必須由外部參與者解釋才能獲得智慧的結果。輸入層和輸出層之間的分層稱為**隱藏層**（*hidden layers*）。像我們將在本章建置的簡單神經網路，就只有一層隱藏層，但是深度學習網路會有很多隱藏層。圖 7.3 顯示了在簡單網路裡共同運作的各個分層。你要注意某一層的輸出是如何用作下一層裡的每個神經元的輸入。

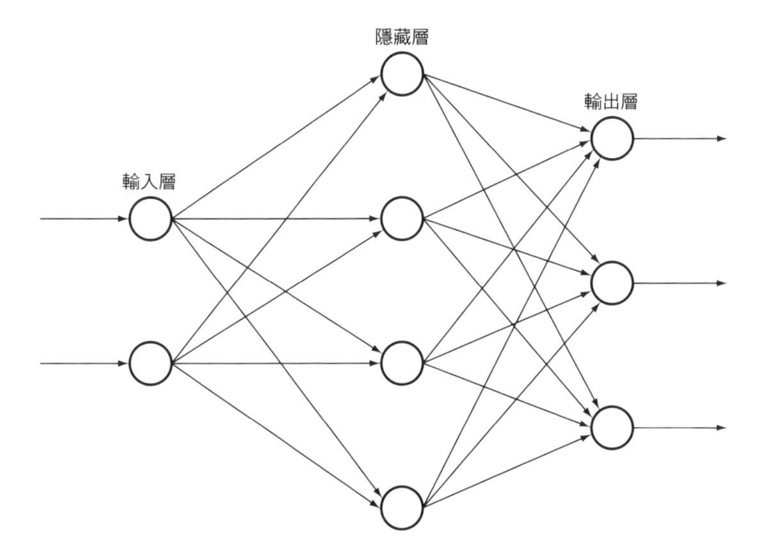

圖 7.3　簡單的神經網路：一個輸入層包含了兩個神經元、一個隱藏層包含了四個神經元、一個輸出層包含了三個神經元。此圖每一層裡的神經元數量皆為任意決定。

每一層都只是處理浮點數；輸入層的輸入是浮點數，輸出層的輸出是浮點數。

這些數字很顯然必須代表一些有意義的東西，例如設計此網路的目的是要分類動物的小型黑白圖形。也許輸入層有 100 個神經元，表示 10×10 像素的動物圖形裡每個像素的灰階強度，而輸出層有 5 個神經元，表示圖形是哺乳動物、爬蟲動物、兩棲動物、魚或鳥的可能性。最終的分類可以由最高浮點輸出的輸出神經元確定。如果輸出數值分別是 0.24、0.65、0.70、0.12 和 0.21，則就會將圖形確認為兩棲動物。

7.2.3 反向傳播

拼圖的最後一塊和本質上最複雜的部分，則是反向傳播。反向傳播找出神經網路輸出的錯誤，並使用它來修改神經元的權重。對錯誤最有責任的神經元會遭到大幅修改。但是錯誤從何而來？我們怎麼知道那是錯誤？錯誤是來自神經網路的使用階段，稱為**訓練**（*training*）。

> **TIP** 本節有幾個以英文寫出來的數學公式步驟。擬公式（未使用適當的記號）在隨附的圖裡。這種方法可以讓那些不熟悉（或者久未練習）數學記號的人容易讀懂這些公式。如果你對更正式的記號（以及公式的推導）感興趣，請查閱 Norvig 和 Russell 的《*Artificial Intelligence*》第 18 章。[1]

大部分的神經網路在使用之前必須先行訓練。我們必須知道某些輸入的正確輸出，才能使用預期輸出和實際輸出之間的差異來找出錯誤並修改權重。也就是說，在我們將某一組輸入的正確答案告知神經網路之前，神經網路完全一無所知，因此它們可以為其他輸入做好準備。反向傳播只會在訓練期間發生。

> **NOTE** 因為大部分神經網路必須經過訓練，所以將它們視為**受監督**（*supervised*）的機器學習。回想一下第 6 章的 k-means 演算法和其他的群聚演算法，則被視為**無監督**（*unsupervised*）的機器學習形式，因為只要它們啟動，就不需要外部介入。除了本章描述的神經網路，還有其他不需要預先訓練的神經網路類型，而且也是無監督學習的形式。

---

1 Stuart Russell 和 Peter Norvig,《*Artificial Intelligence: A Modern Approach*》, 第 3 版 (Pearson, 2010).

反向傳播的第一步，是計算神經網路某些輸入的輸出和預期輸出之間的誤差。這項錯誤分佈在輸出層裡的所有神經元（每個神經元都有預期的輸出及其實際輸出）。接著會將輸出神經元激勵函數的導數，套用在神經元套用其激勵函數之前所輸出的值（我們會快取它套用激勵函數之前的輸出）。此結果乘以神經元的錯誤可以找到它的**差量**（*delta*）。這個用來找出差量的公式使用偏導數，它的微積分推導超出了本書的範圍，但我們基本上會計算出每個輸出神經元負責的錯誤量有多大。關於這項計算的圖表，請參見圖 7.4。

然後必須計算網路隱藏層裡每個神經元的差量，我們必須確定每個神經元對輸出層的錯誤輸出該負多少責任。輸出層裡的差量會用來計算前一個隱藏層裡的差量。每個前一層的差量，則是取下一層已計算出的差量，和該層相對於該處所討論的特定神經元的權重的內積所得。這個值乘以套用在神經元最後輸出（套用激勵函數之前所快取）的激勵函數的導數，來獲得神經元的差量。同樣地，這項公式是使用偏導數推導而出的，你可以在使用更多數學推導的書籍讀到相關細節。

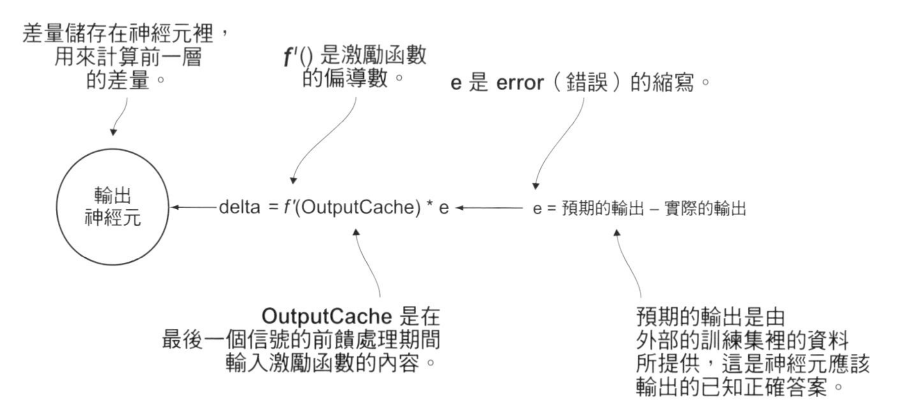

圖 7.4　在訓練的反向傳播階段計算輸出神經元差量的機制。

圖 7.5 顯示了隱藏層裡神經元的差量實際計算。在多個隱藏層的網路裡，神經元 O1、O2 和 O3 可以是下一層隱藏層（而非輸出層）裡的神經元。

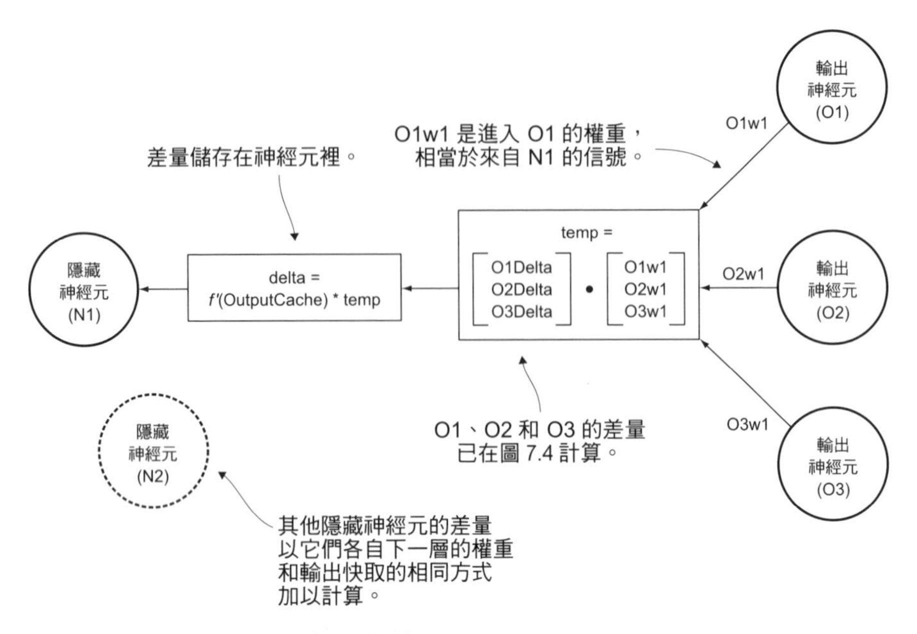

圖 7.5 如何計算隱藏層裡神經元的差量。

最後，最重要的是，網路裡每個神經元的所有權重必須更新成現有權重，再加上每個個別權重的最後一個輸入乘上神經元的差量和**學習率**（*learning rate*）。這種改變神經元權重的方法稱為**梯度下降**（*gradient descent*）。這就像代表神經元的誤差函數小山丘走下來，逐漸接近朝向最小誤差點。差量表示我們要攀爬的方向，而學習率會影響我們攀爬的速度。如果沒有嘗試和摸索，很難找出未知問題的良好學習率。圖 7.6 顯示了隱藏層和輸出層裡每個權重的更新方式。

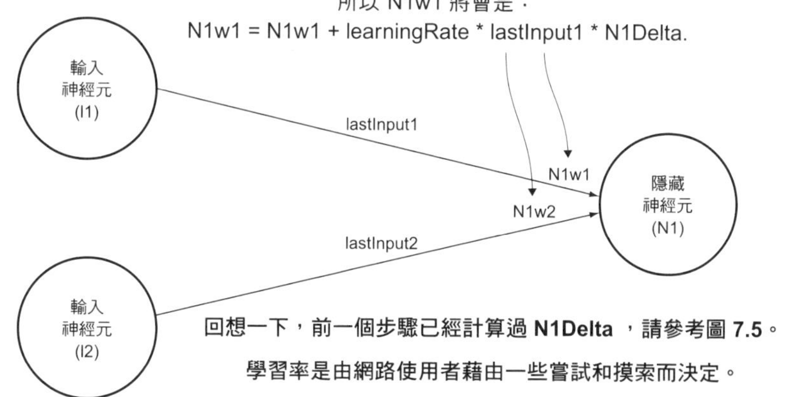

圖 7.6　每一隱藏層和輸出層神經元的權重更新，是使用前一步驟計算的差量、先前的權重、先前的輸入、使用者決定的學習率計算而得。

只要權重更新，神經網路就能再以另一個輸入和預期輸出進行訓練。這段過程會一直重複，直到神經網路的使用者認為網路獲得良好的訓練。藉由已知的正確輸出對輸入進行測試即可確定網路的訓練情況是否良好。

反向傳播很複雜，但若你還沒能掌握所有細節，也請不要擔心。這一節的解釋可能還不夠。理想的情況是，實作反向傳播將會讓你的瞭解提升到下一個階段。當我們實作神經網路和反向傳播時，請記住這個最重要的主題：反向傳播是一種根據網路裡的個體對不正確輸出的責任度，來調整其權重的方法。

7.2.4 全貌

我們在這一節介紹了很多內容。即使細節還未能讓人瞭解，但重要的是要牢記反向傳播的前饋網路這項重要的主題：

- 信號（浮點數）以同一方向在分層組織的神經元裡移動。每一層裡的每個神經元都連接到下一層裡的每個神經元。
- 每個神經元（輸入層除外）將信號和權重（也是浮點數）組合並套用激勵函數。
- 在稱為訓練的過程裡，將網路輸出和預期輸出相互比較來計算誤差。
- 錯誤在網路裡反向傳播（回到它們的源頭）來修改權重，以便它們更有可能建立正確的輸出。

訓練神經網路的方法比這裡解說的還要多，信號在神經網路裡的移動方式也還有其他很多種。這裡所解釋和即將實作的方式，只是一種特別常見並且適合入門的形式。附錄 B 列出了進階學習神經網路（包括其他類型）和相關數學的進一步資源。

7.3 前置作業

神經網路使用的數學機制需要大量浮點運算。開發簡易神經網路的實際結構之前，我們需要一些數學基元。隨後的程式碼會廣為使用這些簡單的基元，所以如果你能找到加速它們的方法，它將全然提高你神經網路的效能。

> **WARNING** 本章程式碼的複雜程度大概高於本書的其他任何程式碼。前面有許多準備工作，到最後才看得到實際成果。許多關於神經網路的資源有助於你以少數幾行程式碼就能構建，但我們這個範例的目的是在探索機制和不同組件如何以可讀、可擴展的方式共同運作。這是我們的目標，即使程式碼比較長、比較能表現它的意義。

7.3.1 內積

你還記得前饋階段和反向傳播階段都需要內積，幸運的是，使用 Python 內建函式 `zip()` 和 `sum()` 很簡單就能實作內積。我們要將初步的函式保存在 util.py 檔案裡。

程式 7.1 util.py

```
from typing import List
from math import exp

# 2向量的內積
def dot_product(xs: List[float], ys: List[float]) -> float:
    return sum(x * y for x, y in zip(xs, ys))
```

7.3.2 激勵函數

回想一下，激勵函數在信號傳到下一層之前會先轉換神經元的輸出（見圖 7.2）。激勵函數有兩個目的：它允許神經網路不只能表示線性變換的解答（只要激勵函數本身不只是線性變換），也可以將每個神經元的輸出保持在特定範圍內。激勵函數應該具有可以運算的導數，以便它可以用在反向傳播。

S 函數（*sigmoid* functions）是一群很常見的激勵函數，圖 7.7 是其中一種特別常見的 S 函數（也就是圖裡的 $S(x)$），以及它的方程式和導數（$S'(x)$）。S 函數的結果一定是介於 0 和 1 之間的值。始終將值保持在 0 和 1 之間對此網路非常有用，這你馬上就會看到。你也很快就會看到將此圖公式寫成的程式碼。

雖然還有其他激勵函數，但我們即將使用的是 S 函數。以下是將圖 7.7 裡的公式直接轉換成程式碼：

程式 7.2 util.py 承上

```
# 典型 S 激勵函數
def sigmoid(x: float) -> float:
    return 1.0 / (1.0 + exp(-x))

def derivative_sigmoid(x: float) -> float:
    sig: float = sigmoid(x)
    return sig * (1 - sig)
```

7.4 建置網路

我們將建立類別來對網路裡的所有 3 種組織單元進行建模：神經元、分層、網路本身。為簡單起見，我們將從最小的（神經元）開始，然後是中間的組織組件（層），再建置最大（整個網路）。當我們從最小的組件到最大的組件時，將會封裝前一層級的組件；也就是神經元只知道自己，分層知道它們所包含的神經元和其他分層，而網路知道所有的分層。

NOTE 本章有很多太寬的程式碼，無法整齊的符合書籍印刷的欄寬限制。我強烈建議你從本書原始碼儲藏庫下載本章的原始碼，然後看著電腦螢幕閱讀程式碼（https://github.com/davecom/ClassicComputerScienceProblemsInPython）。

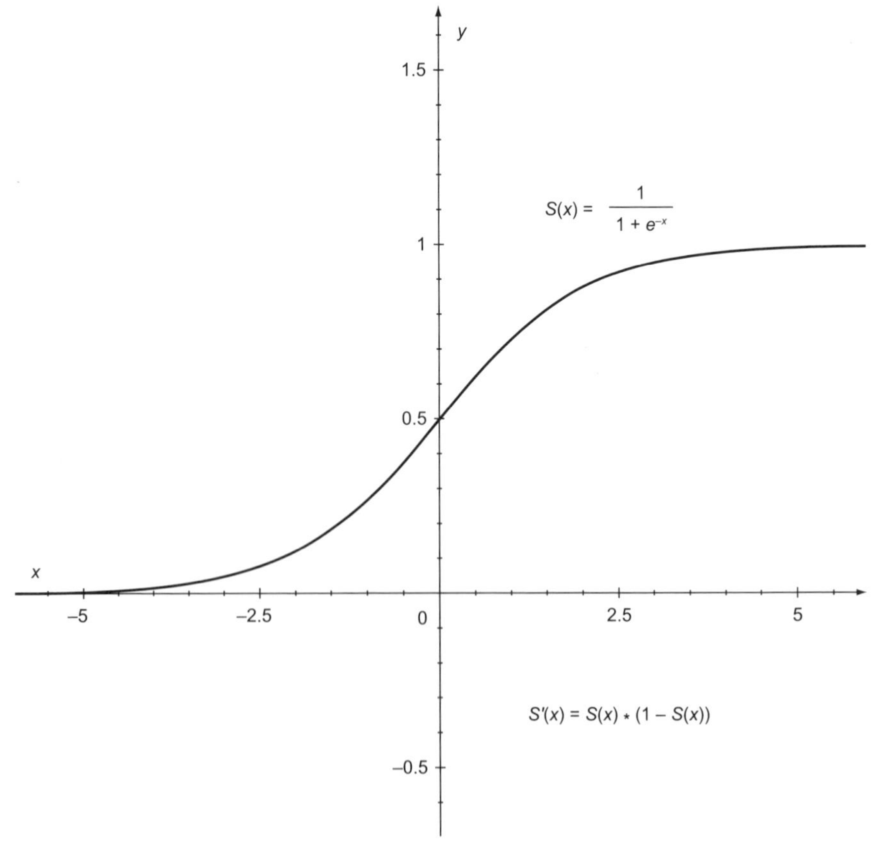

圖 7.7 S 激勵函數 (S(x)) 一定會傳回 0 到 1 之間的值。請注意它的導數也很容易計算 (S'(x))。

7.4.1 實作神經元

讓我們從神經元開始。單一個神經元將儲存許多種狀態，包括它的權重、它的差量、它的學習率、它最後輸出的快取、它的激勵函數，此外還有激勵函數的導數。這些元素裡有些儲存在上一層（稍後介紹的 Layer 類別）會比較有效率，但為了解說就將它們放進以下的 Neuron 類別。

程式 7.3 neuron.py

```
from typing import List, Callable
from util import dot_product


class Neuron:
    def __init__(self, weights: List[float], learning_rate: float,
     activation_function: Callable[[float], float], derivative_
     activation_function: Callable[[float], float]) -> None:
        self.weights: List[float] = weights
        self.activation_function: Callable[[float], float] =
     activation_function
        self.derivative_activation_function: Callable[[float], float] =
     derivative_activation_function
        self.learning_rate: float = learning_rate
        self.output_cache: float = 0.0
        self.delta: float = 0.0

    def output(self, inputs: List[float]) -> float:
        self.output_cache = dot_product(inputs, self.weights)
        return self.activation_function(self.output_cache)
```

大部分的參數都在 `__init__()` 方法裡初始化。因為一開始建立 Neuron 時還不知道 delta 和 output_cache，所以就只將它們初始為 0。所有神經元的變數皆為可變。在神經元的生命週期裡（就如我們即將使用），它們的值可能永遠不會改變，但還是有理由讓它們是可變：彈性。如果將這個 Neuron 類別和其他類型的神經網路一起使用，這些值的其中若干就真的有可能在執行過程發生變化。有一些神經網路可以在接近解決方案的時候改變學習率，有些會自動嘗試不同的激勵函數。這裡我們正試著讓 Neuron 類別能對其他的神經網路應用保持最大的彈性。

__init__() 以外的唯一方法是 output()。output() 取得進入神經元的輸入信號（inputs），並且套用本章先前討論的公式（見圖 7.2）。接著以內積合併輸入信號和權重，再快取到 output_cache。回想一下關於反向傳播的那一節，套用激勵函數之前取得的這個值會用來計算差量。最後，（藉著從 output() 傳回）將信號發送到下一層之前，將激勵函數套用到它。

就是這樣！這個網路裡個別的神經元非常簡單。它就只是取得輸入信號、加以轉換，再將它發送做進一步處理。它維護了其他類別使用的幾個狀態元素。

7.4.2 實作分層

我們網路裡的分層需要維護 3 種狀態：它的神經元、在它之前的分層、輸出快取。輸出快取類似神經元的快取，但等級提高。它會快取分層裡每個神經元的輸出（在套用激勵函數之後）。

分層在建立階段的主要責任是初始它的神經元。因此，我們的 Layer 類別的 __init__() 方法需要知道它應該要初始多少神經元、它們的激勵函數應該做什麼、它們的學習率應該是多少。在這個簡單的網路裡，分層裡的每個神經元都擁有相同的激勵函數和學習率。

程式 7.4 layer.py

```
from __future__ import annotations
from typing import List, Callable, Optional
from random import random
from neuron import Neuron
from util import dot_product


class Layer:
    def __init__(self, previous_layer: Optional[Layer], num_neurons:
     int, learning_rate: float, activation_function: Callable[[float],
     float], derivative_activation_function: Callable[[float], float])
     -> None:
        self.previous_layer: Optional[Layer] = previous_layer
        self.neurons: List[Neuron] = []
        # 以下可能全涵蓋單一的大型串列
        for i in range(num_neurons):
            if previous_layer is None:
                random_weights: List[float] = []
            else:
```

```
            random_weights = [random() for _ in range(len(previous_
layer.neurons))]
            neuron: Neuron = Neuron(random_weights, learning_rate,
activation_function, derivative_activation_function)
            self.neurons.append(neuron)
        self.output_cache: List[float] = [0.0 for _ in range(num_
neurons)]
```

當輸入信號流經網路時，Layer 必須透過每個神經元來處理它們。(請記住，分層裡的每個神經元都會收到前一層每個神經元的信號)。outputs() 就只是做這些而已。outputs() 也會傳回處理它們的結果（由網路傳遞到下一層）並快取輸出。如果沒有前一層，就表示該層就是輸入層，而它就只是將信號往前傳遞到下一層。

程式 7.5　layer.py 承上

```
def outputs(self, inputs: List[float]) -> List[float]:
    if self.previous_layer is None:
        self.output_cache = inputs
    else:
        self.output_cache = [n.output(inputs) for n in self.neurons]
    return self.output_cache
```

反向傳播裡有兩種截然不同類型的差量要計算：輸出層裡的神經元差量和隱藏層裡的神經元差量。圖 7.4 和 7.5 所提及的公式和以下兩種方法只是生硬的轉譯了那些公式。稍後當網路在反向傳播階段將會呼叫這些方法。

程式 7.6　layer.py 承上

```
# 應只在輸出層被呼叫
def calculate_deltas_for_output_layer(self, expected: List[float]) ->
 None:
    for n in range(len(self.neurons)):
        self.neurons[n].delta = self.neurons[n].derivative_activation_
 function(self.neurons[n].output_cache) * (expected[n] -
 self.output_cache[n])

# 應不在輸出層被呼叫
def calculate_deltas_for_hidden_layer(self, next_layer: Layer) -> None:
    for index, neuron in enumerate(self.neurons):
        next_weights: List[float] = [n.weights[index] for n in next_
 layer.neurons]
        next_deltas: List[float] = [n.delta for n in next_layer.neurons]
        sum_weights_and_deltas: float = dot_product(next_weights,
```

```
next_ deltas)
   neuron.delta = neuron.derivative_activation_function(
neuron.output_cache) * sum_weights_and_deltas
```

7.4.3 實作網路

網路本身只有一個狀態：它管理的分層。Network 類別會負責初始組成它的分層。

`__init__()` 方法需要描述網路結構的 int 串列。例如串列 [2,4,3] 描述的網路在它的輸入層有 2 個神經元、隱藏層有 4 個神經元、輸出層有 3 個神經元。在這個簡單的網路裡，我們假設此網路裡的所有分層會將相同的激勵函數用在它們的神經元，也會使用相同的學習率。

程式 7.7 network.py

```
from __future__ import annotations
from typing import List, Callable, TypeVar, Tuple
from functools import reduce
from layer import Layer
from util import sigmoid, derivative_sigmoid

T = TypeVar('T') # 神經網路解釋的輸出類型

class Network:
    def __init__(self, layer_structure: List[int], learning_rate: float,
     activation_function: Callable[[float], float] = sigmoid,
     derivative_activation_function: Callable[[float], float] =
     derivative_sigmoid) -> None:
        if len(layer_structure) < 3:
            raise ValueError("Error: Should be at least 3 layers (1
     input, 1 hidden, 1 output)")
        self.layers: List[Layer] = []
        # 輸入層
        input_layer: Layer = Layer(None, layer_structure[0],
     learning_rate, activation_function, derivative_activation_function)
        self.layers.append(input_layer)
        # 隱藏層和輸出層
        for previous, num_neurons in enumerate(layer_structure[1::]):
            next_layer = Layer(self.layers[previous], num_neurons,
     learning_rate, activation_function, derivative_activation_
     function)
            self.layers.append(next_layer)
```

神經網路的輸出是信號流過它所有分層的結果。請注意在 outputs() 裡會如何簡潔的使用 reduce()，讓信號重複的從某一層傳到下一層而流過整個網路。

程式 7.8 network.py 承上

```
# 將輸入資料推入第 1 層，然後將第 1 層的輸出
# 當作輸入推入第 2 層，第 2 層到第 3 層，依此類推。
def outputs(self, input: List[float]) -> List[float]:
    return reduce(lambda inputs, layer: layer.outputs(inputs),
     self.layers, input)
```

backpropagate() 方法負責計算網路裡每個神經元的差量。它依序使用 Layer 方法 calculate_deltas_for_output_layer() 和 calculate_deltas_for_hidden_layer()（回想一下反向傳播是向後計算差量）。它將給定輸入集的輸出預期值傳給 calculate_deltas_for_output_layer()，這個方法使用預期的值來找出用在差量計算的誤差。

程式 7.9 network.py 承上

```
# 根據輸出誤差相比預期結果
# 來找出每個神經元的變化
def backpropagate(self, expected: List[float]) -> None:
    # 計算輸出層神經元的差量
    last_layer: int = len(self.layers) - 1
    self.layers[last_layer].calculate_deltas_for_output_layer(expected)
    # 以相反的順序計算隱藏層的差量
    for l in range(last_layer - 1, 0, -1):
        self.layers[l].calculate_deltas_for_hidden_layer(self.layers[
     l + 1])
```

backpropagate() 負責計算所有的差量，但它實際上不會修改任何的網路權重。update_weights() 必須在 backpropagate() 之後才能呼叫，因為權重是根據差量來修改。這個方法直接依循圖 7.6 裡的公式。

程式 7.10 network.py 承上

```
# backpropagate() 實際上不會更改任何權重
# 此函式使用 backpropagate() 計算的差量來更改權重
def update_weights(self) -> None:
    for layer in self.layers[1:]: # 跳過輸入層
        for neuron in layer.neurons:
```

```
            for w in range(len(neuron.weights)):
                neuron.weights[w] = neuron.weights[w] + (
        neuron.learning_rate * (layer.previous_layer.output_cache[w]) *
        neuron.delta)
```

每一回合訓練結束的時候會修改神經元權重。訓練集（輸入值和預期輸出結果）必須提供給網路。train() 方法取得輸入的串列的串列和預期輸出的串列的串列。

它透過網路執行每個輸入，然後以預期輸出呼叫 backpropagate()，再呼叫 update_weights() 來更新它的權重。這裡試著加入程式碼來列印錯誤率，因為當數量逐漸下將時，網路藉由訓練集來查看網路如何逐漸降低它的錯誤率。

程式 7.11 network.py 承上

```
# train() 使用 outputs() 在許多輸入所執行的結果，
# 並和預期結果相比較，再提供給 backpropagate() 和 backpropagate()
def train(self, inputs: List[List[float]], expecteds: List[List[float]])
     -> None:
    for location, xs in enumerate(inputs):
        ys: List[float] = expecteds[location]
        outs: List[float] = self.outputs(xs)
        self.backpropagate(ys)
        self.update_weights()
```

最後，在訓練網路之後，我們需要測試。validate() 接受輸入和預期輸出（和 train() 不同），但使用它們來計算準確度百分比而非執行訓練。它假設網路已經訓練過。validate() 還接受函數 interpret_output()，它用來解釋神經網路的輸出，而將其和預期輸出進行比較（也許預期輸出是像「**兩棲動物**」這樣的字串而非一組浮點數）。interpret_output() 必須將它從網路取得的浮點數當作輸出，並且將它們轉換成相當於預期輸出的值。它必須依資料集的特性量身打造。validate() 會傳回正確分類的數量、測試樣本的總數，以及正確分類的百分比。

程式 7.12 network.py 承上

```
# 對於需要分類的一般結果，
# 此函式將傳回正確的試驗次數和百分比
def validate(self, inputs: List[List[float]], expecteds: List[T],
     interpret_ output: Callable[[List[float]], T]) -> Tuple[int, int,
     float]:
```

```
    correct: int = 0
    for input, expected in zip(inputs, expecteds):
        result: T = interpret_output(self.outputs(input))
        if result == expected:
            correct += 1
    percentage: float = correct / len(inputs)
    return correct, len(inputs), percentage
```

神經網路完成了！它已準備好進行一些實際問題的測試。雖然我們建置的是足以用在各種問題的通用型架構，但我們將專注在某種常見的問題：分類。

7.5 分類的問題

第 6 章我們以 k-means 群聚在每個個別資料的位置，使用未預設的概念對資料集進行分類。使用群聚時，我們想將資料分類，但我們未能提前知道那些種類為何。在處理分類問題時，我們要對資料集做分類，但那是已預先設定的種類。例如，倘若我們試著對一組動物圖片進行分類，我們可能會提前決定是哺乳動物、爬蟲類、兩棲動物、魚類、鳥類等種類。

目前有許多機器學習技巧可用於分類問題，也許你已經聽說過支援向量機、決策樹或單純貝氏分類器（而且也還有其他技巧）。最近已經將神經網路廣泛部署在分類的領域，它們比其他某些分類演算法更是運算密集，但是它們看似能分類任意類型資料的能力，讓它們成為強大的技術。神經網路分類器隱身在許多有趣的圖形分類系統背後，而這些圖形分類系統強化了現代照片軟體的諸多能力。

神經網路之所以會重新引起人們的興趣，是因為硬體已經進步到讓使用神經網路的好處，大可抵過它比其他演算法多出的額外計算。

7.5.1 正規化資料

我們想要使用的資料集在輸入我們的演算法之前通常需要一些「清理」。清理可能涉及刪除無關的字元、刪除重複項目、修復錯誤和其他瑣事。就清理而言，我們需要對正在使用的兩個資料集執行的是正規化；在第 6 章，我們是透過 KMeans 類別裡的 zscore_normalize() 方法完成。所謂的正規化是將不同單位、等級的資料屬性轉換成共通的基準。

由於 S 激勵函數，因此我們網路裡的每個神經元的輸出都是 0 到 1 之間的值，而讓輸入資料集裡的特性使用 0 到 1 之間的尺度，聽起來也很合乎邏輯。將尺度從某種範圍轉換成 0 到 1 之間的範圍並不具挑戰。對任意值 v、在特定特性範圍裡的最大值 max 和最小值 min，整個公式就是 newV = (oldV - min) / (max - min)。這項運算稱為**特徵縮放**（*feature scaling*）。以下是加入 util.py 的 Python 實作物。

程式 7.13 util.py 承上

```
# 假設所有列的長度均相等
# 而且每行的特徵縮放範圍為 0 - 1
def normalize_by_feature_scaling(dataset: List[List[float]]) -> None:
    for col_num in range(len(dataset[0])):
        column: List[float] = [row[col_num] for row in dataset]
        maximum = max(column)
        minimum = min(column)
        for row_num in range(len(dataset)):
            dataset[row_num][col_num] = (dataset[row_num][col_num] -
     minimum) / (maximum - minimum)
```

注意 dataset 參數，它是即將適當修改的串列的串列的參照。也就是說，normalize_by_feature_scaling() 不會收到資料集的副本，它會收到原始資料集的參照。這種情況我們想要更改值，而不是收到轉換過的副本。

此外，也請注意我們的程式假設那個資料集是 float 型別的二維串列。

7.5.2 經典的鳶尾花卉資料集

如同經典的電腦科學問題，機器學習裡也有經典的資料集。這些資料集除了用來驗證新的技巧，也用來比較新舊技巧。它們也可作為第一次學習機器學習的良好起點。也許最著名的就是從 1930 年代收集的鳶尾花卉資料集，這份資料集包括 150 個鳶尾花卉的植物樣本，它分成 3 類不同的品種（每類有 50 種）。每種植物都是根據 4 種不同的屬性來測量：萼片長度、萼片寬度、花瓣長度、花瓣寬度。

值得注意的是，神經網路並不在意各種屬性所代表的含義為何，它的訓練模型並沒有區分萼片長度和花瓣長度哪個比較重要。如果應該要進行這類的區分，則由神經網路的使用者進行適當的調整。

本書的原始碼儲藏庫包含了鳶尾花卉資料集特徵的逗號分隔值（*CSV*）檔案[2]。這份鳶尾花卉資料集來自加州大學的 UCI 機器學習儲藏庫：M. Lichman, UCI 機器學習儲藏庫（爾灣，加州：加州大學，資訊及電腦科學學院，2013），http://archive.ics.uci.edu/ml。CSV 檔案只是內容的值以逗號分隔的文字檔，它是表格資料的通用交換格式。

以下是取自 iris.csv 檔案的幾行資料：

```
5.1,3.5,1.4,0.2,Iris-setosa
4.9,3.0,1.4,0.2,Iris-setosa
4.7,3.2,1.3,0.2,Iris-setosa
4.6,3.1,1.5,0.2,Iris-setosa
5.0,3.6,1.4,0.2,Iris-setosa
```

每一行代表一個資料點，這 4 個數字代表 4 個屬性（萼片長度、萼片寬度、花瓣長度、花瓣寬度），再次強調，它們實際代表的含義對我們來說相當隨意。每行末尾的名稱代表特定的鳶尾花卉種類。這 5 行全都是針對同一品種，因為這個樣本取自檔案頂端，3 個物種聚集在一起，每個有 50 行。

要從磁碟讀取 CSV 檔，我們要使用 Python 標準程式庫裡的一些函數：`csv` 模組將協助我們以結構化的方式讀取資料，內建的 `open()` 函式會建立一個傳給 `csv.reader()` 的檔案物件。除了這幾行，以下其餘的程式碼只是重新排列 CSV 檔案裡的資料，而備妥的資料將供給我們的網路進行訓練和驗證。

程式 7.14 iris_test.py

```
import csv
from typing import List
from util import normalize_by_feature_scaling
from network import Network
from random import shuffle

if __name__ == "__main__":
    iris_parameters: List[List[float]] = []
    iris_classifications: List[List[float]] = []
    iris_species: List[str] = []
    with open('iris.csv', mode='r') as iris_file:
        irises: List = list(csv.reader(iris_file))
```

2 此儲藏庫可以從 GitHub 取得：https://github.com/davecom/ClassicComputerScienceProblemsInPython。

```
        shuffle(irises) # 以隨機順序取得我們的資料行
        for iris in irises:
            parameters: List[float] = [float(n) for n in iris[0:4]]
            iris_parameters.append(parameters)
            species: str = iris[4]
            if species == "Iris-setosa":
                iris_classifications.append([1.0, 0.0, 0.0])
            elif species == "Iris-versicolor":
                iris_classifications.append([0.0, 1.0, 0.0])
            else:
                iris_classifications.append([0.0, 0.0, 1.0])
            iris_species.append(species)
    normalize_by_feature_scaling(iris_parameters)
```

`iris_parameters` 表示我們用來對每個鳶尾花進行分類的每個樣本的 4 個屬性的集合，`iris_classifications` 是每個樣本的實際分類。我們的神經網路將會有 3 個輸出神經元，每個代表一種可能的品種。舉例來說，`[0.9,0.3,0.1]` 的最終輸出集合將代表 iris-setosa（山鳶尾）的分類，因為第 1 個神經元代表該品種，而它是最大的數值。

我們已經知道訓練的正確答案，因此每個鳶尾花卉都有預先標示的答案。如果應該是 iris-setosa 的花，`iris_classifications` 裡的項目將是 `[1.0, 0.0, 0.0]`。這些值將會在每個訓練步驟之後用來計算誤差。`iris_species` 直接對應到每種花卉分類的英語名稱。資料集裡的 iris-setosa 就會標示為 "`Iris-setosa`"。

WARNING 缺少錯誤檢查碼會讓此程式碼非常危險。它不適合作為正式運作或商業運作，但它適合用在測試。

現在，讓我們來定義神經網路。

程式 7.15 iris_test.py 承上

```
iris_network: Network = Network([4, 6, 3], 0.3)
```

`layer_structure` 的引數以 `[4, 6, 3]` 指定 3 個分層（1 個輸入層、1 個隱藏層、1 個輸出層）：輸入層有 4 個神經元、隱藏層有 6 個神經元、輸出層有 3 個神經元。輸入層裡的 4 個神經元直接映射到用來分類每個樣本的 4 個參數。輸出層裡的 3 個神經元直接映射到我們試著分類每個輸入的 3 個不同品種。隱藏層之所以採用 6 個神經元，是多次嘗試和摸索的結果，

learning_rate 也是如此。如果網路準確性並非最佳，可以試著修改隱藏層裡的神經元數量和學習率等兩個值。

程式 7.16 iris_test.py 承上

```
def iris_interpret_output(output: List[float]) -> str:
    if max(output) == output[0]:
        return "Iris-setosa"
    elif max(output) == output[1]:
        return "Iris-versicolor"
    else:
        return "Iris-virginica"
```

iris_interpret_output() 是公用函式，它會被傳給網路的 validate() 方法，以協助辨識正確的分類。

網路終於準備好接受訓練了。

程式 7.17 iris_test.py 承上

```
# 訓練資料集前 140 種鳶尾花 50 次
iris_trainers: List[List[float]] = iris_parameters[0:140]
iris_trainers_corrects: List[List[float]] = iris_classifications[0:140]
for _ in range(50):
    iris_network.train(iris_trainers, iris_trainers_corrects)
```

我們訓練資料集裡 150 種鳶尾花卉的前 140 種。回想一下，從 CSV 檔案讀到的行會重新隨機排列，這確保我們每次執行此程式時，都是用資料集裡的不同子集來做訓練。請注意，我們訓練 140 種鳶尾花卉 50 次。修改這個值將對你的神經網路接受訓練所需的時間產生很大影響。通常越多訓練，神經網路的運作就越準確。最終的測試將會驗證資料集最後 10 種鳶尾花卉的正確分類。

程式 7.18 iris_test.py 承上

```
# 測試資料集最後 10 種鳶尾花
iris_testers: List[List[float]] = iris_parameters[140:150]
iris_testers_corrects: List[str] = iris_species[140:150]
iris_results = iris_network.validate(iris_testers,
     iris_testers_corrects, iris_interpret_output)
print(f"{iris_results[0]} correct of {iris_results[1]} = {
     iris_results[2] * 100}%")
```

所有的工作會導向這個最後的問題：從資料集隨機選擇 10 種鳶尾花卉，我們的神經網路能正確分類幾種？因為每個神經元開始的權重皆為隨機，所以每次執行可能會有不同的結果。你可以試著調整學習率、隱藏神經元的數量、訓練重複的次數，來讓你的網路更準確。

最後你應該會看到像這樣的結果：

```
9 correct of 10 = 90.0%
```

7.5.3 分類葡萄酒

我們將以另一個來自義大利的葡萄酒品種化學分析資料集[3]來測試我們的神經網路。資料集裡有 178 個樣本，使用它的機制和鳶尾花卉資料集大致相同，但 CSV 檔案的編排略有不同。以下是其中一段樣本：

```
1,14.23,1.71,2.43,15.6,127,2.8,3.06,.28,2.29,5.64,1.04,3.92,1065
1,13.2,1.78,2.14,11.2,100,2.65,2.76,.26,1.28,4.38,1.05,3.4,1050
1,13.16,2.36,2.67,18.6,101,2.8,3.24,.3,2.81,5.68,1.03,3.17,1185
1,14.37,1.95,2.5,16.8,113,3.85,3.49,.24,2.18,7.8,.86,3.45,1480
1,13.24,2.59,2.87,21,118,2.8,2.69,.39,1.82,4.32,1.04,2.93,735
```

每行的第 1 個值一定會是 1 到 3 的整數，表示樣本可能是 3 個品種的其中之一。但請注意有多少參數可以用來分類。在鳶尾花卉資料集只有 4 個，在這個葡萄酒資料集有 13 個。

我們的神經網路模型真的很有彈性，只需增加輸入神經元的數量即可。wine_test.py 類似 iris_test.py，但是這裡個別檔案編排方式的不同而有一些小更改。

程式 7.19 wine_test.py

```
import csv
from typing import List
from util import normalize_by_feature_scaling
from network import Network
from random import shuffle

if __name__ == "__main__":
    wine_parameters: List[List[float]] = []
```

3 M. Lichman, UCI 機器學習儲藏庫 (爾灣，加州：加州大學，資訊及電腦科學學院，2013), http://archive.ics.uci.edu/ml.

```
    wine_classifications: List[List[float]] = []
    wine_species: List[int] = []
    with open('wine.csv', mode='r') as wine_file:
        wines: List = list(csv.reader(wine_file, quoting=csv.QUOTE_
    NONNUMERIC))
        shuffle(wines) # 以隨機順序取得我們的資料行
        for wine in wines:
            parameters: List[float] = [float(n) for n in wine[1:14]]
            wine_parameters.append(parameters)
            species: int = int(wine[0])
            if species == 1:
                wine_classifications.append([1.0, 0.0, 0.0])
            elif species == 2:
                wine_classifications.append([0.0, 1.0, 0.0])
            else:
                wine_classifications.append([0.0, 0.0, 1.0])
            wine_species.append(species)
    normalize_by_feature_scaling(wine_parameters)
```

如前所述，葡萄酒分類網路的分層配置需要 13 個輸入神經元，（每個參數 1 個），它也需要 3 個輸出神經元（一共有 3 種葡萄酒品種，就像有 3 種鳶尾花卉一樣）。有趣的是，如果網路的隱藏層神經元數量少於輸入層的神經元數量，網路能運作得很好。其中一種可能的直覺解釋是，某些輸入參數對分類沒有實際上的幫助，在處理過程將它們刪除會很有用。事實上，這並不是隱藏層神經元數量比較少的原因，但卻是有趣且直覺的想法。

程式 7.20 wine_test.py 承上

```
wine_network: Network = Network([13, 7, 3], 0.9)
```

再次強調，試驗不同數量的隱藏層神經元或不同的學習率將會很有趣。

程式 7.21 wine_test.py 承上

```
def wine_interpret_output(output: List[float]) -> int:
    if max(output) == output[0]:
        return 1
    elif max(output) == output[1]:
        return 2
    else:
        return 3
```

wine_interpret_output() 類似 iris_interpret_output()。因為我們沒有葡萄酒品種的名稱，因此只能在原始資料集裡以整數指定來處理。

程式 7.22 wine_test.py 承上

```
# 訓練前 150 種葡萄酒 50 次
wine_trainers: List[List[float]] = wine_parameters[0:150]
wine_trainers_corrects: List[List[float]] = wine_classifications[0:150]
for _ in range(10):
    wine_network.train(wine_trainers, wine_trainers_corrects)
```

我們將訓練此資料集裡的前 150 個樣本，留下最後 28 個樣本作為驗證。並且將對樣本進行 10 次訓練，這明顯少於鳶尾花卉資料集的 50 次。無論出於何種原因（可能是資料集先天的特性或諸如學習率和隱藏神經元數量等參數的調校），相較於鳶尾花卉資料集，這個資料集只需要較少的訓練就能達到顯著的準確度。

程式 7.23 wine_test.py 承上

```
# 測試資料集最後 28 種葡萄酒
wine_testers: List[List[float]] = wine_parameters[150:178]
wine_testers_corrects: List[int] = wine_species[150:178]
wine_results = wine_network.validate(wine_testers,
     wine_testers_corrects, wine_interpret_output)
print(f"{wine_results[0]} correct of {wine_results[1]} = {
     wine_results[2] * 100}%")
```

只要夠幸運，你的神經網路應該就能非常準確的分類這 28 個樣本。

```
27 correct of 28 = 96.42857142857143%
```

7.6 加速神經網路

神經網路需要大量的向量 / 矩陣數學。就本質而言，這意味著要取得數值串列並一次完成全部計算。隨著機器學習持續瀰漫我們的社會，最佳化、高效能的向量 / 矩陣數學程式庫也就越加重要。其中許多程式庫利用了 GPU，因為 GPU 針對這項任務做過最佳化（向量 / 矩陣是電腦圖學的核心）。你可能聽過舊的程式庫規格是 BLAS（基礎線性代數程式集），BLAS 實作物是廣受歡迎的 Python 數值程式庫 NumPy 的基礎。

除了 GPU，CPU 也有能加速向量 / 矩陣處理的擴充部分。NumPy 包括利用**單指令、多資料**（*single instruction, multiple data*，SIMD）指令的函數。SIMD 指令是允許一次處理多個資料的特殊微處理器指令，有時候稱它們為**向量指令**（*vector instructions*）。

不同的微處理器包含不同的 SIMD 指令。例如，G4 的 SIMD 擴充（2000 年早期 Mac 裡的 PowerPC 架構處理器）稱為 AltiVec。ARM 微處理器（就像在 iPhone 裡的那些）的擴充稱為 NEON。而現代英特爾微處理器包含了稱為 MMX、SSE、SSE2、SSE3 的 SIMD 擴展。幸運的是，你不需要知道這些差異，諸如 NumPy 這類的程式庫會針對你程式運作的底層架構，自動選擇正確的指令，以便進行最有效率的運算。

因此，現實世界的神經網路程式庫（不像本章的玩具程式庫）並非使用 Python 標準程式庫串列，而是使用 NumPy 陣列作為它們的基礎資料結構，也就不足為奇了。而且它們還不只這樣。諸如 TensorFlow 和 PyTorch 這類廣受歡迎的 Python 神經網路程式庫不僅使用 SIMD 指令，還廣泛使用 GPU 計算。因為 GPU 很明確的就是為了快速的向量運算而設計的，相較於僅在 CPU 執行，這能讓神經網路的速度提升一個數量級。

請你務必明白：**如果是為了正式上線運作，你絕不會像我們在本章只使用 *Python* 標準程式庫就天真的想要實作神經網路**。相反地，你應該使用像是 TensorFlow 這類經過最佳化、支援 SIMD 和 GPU 的程式庫。唯一的例外是為了教育或必須在沒有 SIMD 指令或沒有 GPU 的嵌入式裝置運作而設計的神經網路程式庫。

7.7 神經網路的問題和擴充

由於深度學習的進步，神經網路現在非常流行，但它們有一些重大的缺點。最大的問題是神經網路的解決方案是某種程度的黑盒子，就算神經網路運作得很好，也無法讓使用者深入瞭解它們是如何解決問題。例如，我們在本章討論的鳶尾花卉資料集分類器就沒有清楚顯示輸入的 4 個參數對輸出有多大的影響；舉例來說，對於分類每個樣本而言，萼片長度比萼片寬度更重要嗎？

仔細分析受過訓練的網路最終權重是有可能可以提供一些對於神經網路的瞭解，但這類的分析相當平凡無奇，而且也沒有提供有意義的見識，例如線性迴歸對正在塑模的函式裡的每個變數所完成的工作。也就是說，神經網路或許可以解決問題，但它無法解釋如何解決問題。

神經網路的另一個問題是為了變得精準正確，它們通常需要非常大量的資料集。想像一下戶外景觀的圖形分類器，它可能需要分類數千種不同類型的圖形（森林、山谷、山脈、溪流、草原等），而且可能需要數百萬的訓練圖形。如此大量的資料集不僅難以獲得，而且對某些應用可能完全不存在。往往是擁有資料倉儲和技術設施的大型企業和政府，才有能力收集和儲存這麼大量資料集。

最後，神經網路的運算代價高昂。你可能已經注意到，光是訓練鳶尾花卉資料集就能打趴你的 Python 直釋器。雖然單純的 Python 並非高效能的運算環境（至少要有像 NumPy 這類背後有 C 支撐的程式庫），但是任何運算平台訓練神經網路都必須用到相當大量的運算，而且比其他的工作都還要花時間。有很多技巧可以更加提高神經網路的性能（例如使用 SIMD 指令或 GPU），但終究，訓練神經網路還是需要大量的浮點運算。

中肯的建言是訓練比實際使用網路的運算成本更高。某些應用程式不需要持續訓練，若是這些情況就可將訓練過的網路直接拿來解決問題。例如 Apple 的 Core ML 框架的第 1 個版本甚至不支援訓練，它僅支援協助 app 開發者在他們的 app 執行事先訓練過的神經網路模型。建立照片 app 的開發者可以下載不需授權的圖形分類模型，將它放進 Core ML，然後立即開始在 app 使用高效能的機器學習。

我們在本章僅使用單一類型的神經網路：反向傳播的前饋網路。如前所述，還有很多其他類型的神經網路。卷積神經網路也是前饋，但它們具有很多種不同類型的隱藏層、不同的權重分配機制，以及有趣的性質使它們更適合於圖形分類。再如遞迴神經網路，信號不僅以單向遊歷，它們允許回饋循環，並已獲得對語音辨識和手寫辨識等連續輸入的應用非常有用的證明。

我們的神經網路可以做個簡單的擴充，是以偏差神經元提高它的效能。偏差神經元如同分層裡的虛擬神經元，它可提供固定不變的輸入（仍由權重修改）給下一層的神經元，藉此讓後者可表示更多功能。就算是用在現實世界問題的簡單神經網路通常也包含偏差神經元。如果你將偏差神經元加到我們現有的網路，你可能會發現它不需要那麼多的訓練就能達到類似的準確度。

7.8 現實世界的應用

人工神經網路雖然在 20 世紀中首次誕生在人類的想像，但一直到最近 10 年才變得普及，原因是缺乏充足的高效能硬體。如今，人工神經網路已成為機器學習中最爆炸性成長的領域，因為它們的確有用！

幾十年來人工神經網路已經開啟了一些和使用者互動的運算應用，而且這些應用總是讓人驚訝科技的進步，包括實用的語音辨識（其準確度已足以擔當大任）、圖形辨識和手寫辨識。語音辨識常見於打字輔助，像是 Dragon Naturally Speaking 和 Siri、Alexa、Cortana 等數位助理。圖形辨識的具體實例就是 Facebook 使用臉部辨識自動標記照片裡的人。此外你可以在最新版本的 iOS 使用手寫辨識來搜尋記事裡的內容，就算這些是手寫內容，也能搜尋到。

OCR（光學字元辨識）是舊的辨識技術，可以藉由神經網路獲得動力。每次掃描文件都會使用 OCR，辨識完之後它會傳回可選擇、複製、貼上的純文字（而非圖形）。OCR 讓收費站可讀取車牌號碼，讓郵政服務可以快速分類信件。

你已經在這一章看到神經網路成功應用在分類問題，而它在推薦系統也能運作得很好，這也是神經網路類似的應用；例如 Netflix 建議你可能想看的電影，或亞馬遜建議你可能想讀的書。還有其他機器學習技術也適用在推薦系統（亞馬遜和 Netflix 不一定將神經網路用在這些目的，它們系統的細節可能是專屬的），所以只有在所有的選項都已經探討過之後，才能選擇神經網路。

神經網路可以用在需要近似未知函數的任何情況。這讓它們的預測能力很有用，可以用來預測體育賽事、選舉或股票市場的結果（而且現在就已經這麼做了）。當然，它們的準確性就是它們訓練品質的結果，這和未知結果事件的資料集有多大、神經網路的參數調整、訓練的次數都息息相關。預測和大多數神經網路的應用一樣，最困難的部分是決定網路本身的結構，而這通常要以反覆的嘗試和摸索才能做出最終的決定。

7.9 練習

1. 使用本章開發的神經網路框架來分類另一個資料集裡的項目。
2. 建立通用函式 `parse_CSV()`，讓它的參數有足夠的彈性，可以取代本章的兩個 CSV 解析範例。
3. 試著以不同的激勵函數執行這些範例（也要找出它的導數）。改變激勵函數會如何影響網路的準確性？是否需要更多或更少的訓練？
4. 找一些本章的問題，並以諸如 TensorFlow 或 PyTorch 等常見的神經網路框架來重新建立解決方案。
5. 使用 NumPy 重寫 `Network`、`Layer`、`Neuron` 類別來加速本章開發的神經網路的執行。

8 對抗式搜尋

雙人、零和的完美資訊賽局，就是一種兩個對手都擁有和他們相關的所有賽局狀態資訊、且若其中一人有任何得利就是另一人失去優勢的賽局。這類遊戲包括井字棋、四子棋、西洋跳棋、西洋棋。我們在本章將研究如何創造能以絕佳技巧競玩這類遊戲的人工對手。實際上，本章所討論的技術若結合現代運算能力，即可創造出能完美競玩這類簡單遊戲的人工對手，也能超越任何人類對手競玩複雜遊戲的能力。

8.1 基本的棋盤遊戲組件

如同本書大多數更複雜的問題，我們將盡量讓我們的解決方案通用。以對抗式搜尋的例子而言，便意味著要讓我們的搜尋演算法非僅專用於遊戲。讓我們從定義一些簡單的基礎類別開始，這些類別定義了我們的搜尋演算法所需要的所有狀態。在這之後，我們就能由它衍生子類別來實作特定遊戲（井字棋和四子棋），再將這些子類別餵進搜尋演算法，讓它們「玩」相關的遊戲。以下是這些基礎類別：

程式 8.1 board.py

```
from __future__ import annotations
from typing import NewType, List
from abc import ABC, abstractmethod

Move = NewType('Move', int)

class Piece:

    @property
```

```
    def opposite(self) -> Piece:
        raise NotImplementedError("Should be implemented by
     subclasses.")

class Board(ABC):
    @property
    @abstractmethod
    def turn(self) -> Piece:
        ...

    @abstractmethod
    def move(self, location: Move) -> Board:
        ...

    @property
    @abstractmethod
    def legal_moves(self) -> List[Move]:
        ...

    @property
    @abstractmethod
    def is_win(self) -> bool:
        ...

    @property
    def is_draw(self) -> bool:
        return (not self.is_win) and (len(self.legal_moves) == 0)

    @abstractmethod
    def evaluate(self, player: Piece) -> float:
        ...
```

Move 型別將代表遊戲裡的移動；本質上，它只是整數。諸如井字棋和四子棋這類的遊戲，整數可以表示棋子要移往的方格或直行位置。Piece 是遊戲棋盤上代表棋子的基礎類別，但它也兼任我們的輪轉指示器。這就是為什麼需要 opposite 屬性，因為我們需要知道接下來輪到誰下棋了。

> **TIP** 因為井字棋和四子棋只有一種類型的棋子，所以 Piece 類別在本章也可以兼作輪轉指示器。對於更複雜的遊戲，例如西洋棋，就有不同類型的棋子，因此可以用整數或布林來表示輪到誰下棋的輪轉指示器。或者使用更複雜 Piece 型別的「color」屬性來表示輪轉。

Board 抽象基礎類別是狀態的實際維護者。對於我們的搜尋演算法將會處理的任何遊戲，我們需要能夠回答 4 個問題：

- 輪到誰了？
- 目前的位置能有哪些合法（合乎規則）的動作？
- 有人獲勝嗎？
- 平手嗎？

最後一個關於平手的問題，對許多遊戲來說實際上是 2、3 兩個問題的組合。如果遊戲沒有人獲勝，但也沒有合法的動作，就是平手了。這就是為什麼我們的抽象基礎類別 Game 已經擁有具體實作物 is_draw 屬性。此外，我們還需要採取一些動作：

- 從目前位置移動到新位置。
- 評估位置以檢視哪個玩家具有優勢。

Board 裡的每個方法和屬性都是先前那些問題或動作的代理者。以遊戲用語來說，Board 類別也可以稱為 Position（位置），但我們將在每個子類別裡使用該術語來表示更具體的內容。

8.2 井字棋

井字棋是一款簡單的遊戲，但它可以用來說明同樣可應用於四子棋、西洋跳棋、西洋棋等進階策略遊戲的 minimax（從大中取小）演算法。我們將建置一個使用 minimax 完美競玩井字遊戲的 AI。

NOTE 本節假定你已熟悉井字棋遊戲和它的標準規則。如果不熟悉，快速搜尋網路應該能讓你很快瞭解。

8.2.1 管理井字棋的狀態

讓我們開發一些結構來記錄井字棋遊戲進行時的狀態。

首先，我們需要能夠表示井字遊戲棋盤每個方格一方式，作法是利用名為 TTTPiece 的列舉型別，而這是 Piece 的子類別。井字遊戲的棋子可以是 X、O，或者空格（在列舉型別裡以 E 表示）。

程式 8.2 tictactoe.py

```
from __future__ import annotations
from typing import List
from enum import Enum
from board import Piece, Board, Move


class TTTPiece(Piece, Enum):
    X = "X"
    O = "O"
    E = " " # 代替空格

    @property
    def opposite(self) -> TTTPiece:
        if self == TTTPiece.X:
            return TTTPiece.O
        elif self == TTTPiece.O:
            return TTTPiece.X
        else:
            return TTTPiece.E

def __str__(self) -> str:
    return self.value
```

類別 TTTPiece 的 opposite 屬性會傳回另一個 TTTPiece。這對於井字棋移動之後要從某個玩家輪換到另一個玩家就很有用。為了表示移動，我們將只使用 1 個對應到放置棋子的棋盤方格一整數。就如你所記得的，Move 在 board.py 裡的定義為整數。

井字遊戲的棋盤是由 3 排和 3 列組成的 9 個位置。為簡單起見，可以使用一維串列來表示這 9 個位置。雖然並沒有規定棋盤的哪個方格應該是哪個數字（也就是陣列裡的索引），但我們還是遵循圖 8.1 所描述的配置。

0	1	2
3	4	5
6	7	8

圖 8.1 對應到井字棋盤每個方格的一維串列索引。

狀態的維護者將是 TTTBoard 類別，這個類別記錄兩個不同棋子的狀態：位置（由前述的一維串列表示）和輪到的玩家。

程式 8.3 tictactoe.py 承上

```
class TTTBoard(Board):
    def __init__(self, position: List[TTTPiece] = [TTTPiece.E] *
     9, turn: TTTPiece = TTTPiece.X) -> None:
        self.position: List[TTTPiece] = position
        self._turn: TTTPiece = turn

    @property
    def turn(self) -> Piece:
        return self._turn
```

預設的棋盤都尚未有任何的移動（空棋盤）。Board 的建構式有初始像是位置的預設參數，並且通常以慣例先行的 X 開始移動。你可能想知道為什麼會有 _turn 實體變數和 turn 屬性。這是個確保所有 Board 子類別將會記錄其輪換的技巧。Python 並沒有清楚且明顯的作法在抽象基礎類別裡指定子類別必須包含特定的實體變數，然而卻有這樣的屬性機制。

TTTBoard 是一種非正式不可變的資料結構。也就是說這種資料結構不應遭到修改；相反地，每次需要移動時，都會用移動到的新位置建立新的 TTTBoard。這對我們隨後的搜尋演算法會很有幫助。當搜尋分支時，我們就不會不慎改變仍在分析可能移動的棋盤位置。

程式 8.4 tictactoe.py 承上

```
def move(self, location: Move) -> Board:
    temp_position: List[TTTPiece] = self.position.copy()
    temp_position[location] = self._turn
    return TTTBoard(temp_position, self._turn.opposite)
```

井字棋的合法移動是任何空的方格。以下 legal_moves 屬性使用串列解析式產生給定位置所可能的移動。

程式 8.5 tictactoe.py 承上

```
@property
def legal_moves(self) -> List[Move]:
    return [Move(l) for l in range(len(self.position)) if
     self.position[l] == TTTPiece.E]
```

串列解析式所作用的索引是位置串列裡的 int 索引。為了方便（而且也另有目的），我們將 Move 定義成 int 型別，讓 legal_moves 的這個定義能夠如此簡潔。

有許多方法可以掃描井字棋盤的列、行、對角線來檢查勝出。以下 is_win 屬性的實作是透過硬編碼來完成，表面上看似無止盡合併 and、or、==。這不是最優美的程式碼，但它以直覺易懂的樣貌完成工作。

程式 8.6 tictactoe.py 承上

```
@property def is_win(self) -> bool:
    # 3列、3行，然後2條對角線檢查
    return self.position[0] == self.position[1] and self.position[0] ==
     self.position[2] and self.position[0] != TTTPiece.E or \
    self.position[3] == self.position[4] and self.position[3] ==
     self.position[5] and self.position[3] != TTTPiece.E or \
    self.position[6] == self.position[7] and self.position[6] ==
     self.position[8] and self.position[6] != TTTPiece.E or \
    self.position[0] == self.position[3] and self.position[0] ==
     self.position[6] and self.position[0] != TTTPiece.E or \
    self.position[1] == self.position[4] and self.position[1] ==
     self.position[7] and self.position[1] != TTTPiece.E or \
    self.position[2] == self.position[5] and self.position[2] ==
     self.position[8] and self.position[2] != TTTPiece.E or \
    self.position[0] == self.position[4] and self.position[0] ==
     self.position[8] and self.position[0] != TTTPiece.E or \
    self.position[2] == self.position[4] and self.position[2] ==
     self.position[6] and self.position[2] != TTTPiece.E
```

如果某列、行或對角線的方格都不是空的，並且它包含了相同的棋子，那麼遊戲就勝出了。

如果沒有勝出而且也無法再有更多合法的移動，遊戲就是平手；Board 抽象基礎類別已經涵蓋該屬性。最後，我們需要能夠評估特定位置，並且印出美觀的棋盤。

程式 8.7 tictactoe.py 承上

```
    def evaluate(self, player: Piece) -> float:
        if self.is_win and self.turn == player:
            return -1
        elif self.is_win and self.turn != player:
            return 1
```

```
        else:
            return 0

    def __repr__(self) -> str:
        return f"""{self.position[0]}|{self.position[1]}|
{self.position[2]}
-----
{self.position[3]}|{self.position[4]}|{self.position[5]}
-----
{self.position[6]}|{self.position[7]}|{self.position[8]}"""
```

對於大多數遊戲而言，位置的評估需要的是近似值，因為我們無法根據雙方所做的移動來搜尋遊戲到最後才確定誰贏誰輸。但是井字棋擁有夠小的搜尋空間，可以讓我們從任何位置搜尋到最後。因此，如果玩家獲勝，evaluate() 方法可以簡單傳回 1 個數字，若是平手傳回糟糕的數字，若是輸了就傳回更糟糕的數字。

8.2.2 Minimax

Minimax 是一種經典演算法，可在雙人、零和的完美資訊賽局（例如井字棋、西洋跳棋或西洋棋）找出最好的一步棋。它也能進行擴充和修改以適用於其他遊戲類型。我們通常將 minimax 實作成遞迴函式，並在其中將每位玩家指定成最大化玩家或最小化玩家。

最大化玩家的目標是找出將帶來最大利益的一步棋，不過最大化玩家必須負責最小化玩家的移動。每次嘗試將最大化玩家的利益最大化之後，都會遞迴呼叫 minimax 來找出對手將最大化玩家的利益最小化的回應。如此來回持續進行（最大化、最小化、最大化等等），直到抵達遞迴函式的基本情況為止。基本情況是最終位置（勝出或平手）或最大搜尋深度。

Minimax 將傳回最大化玩家起始位置的評估。如果雙方最佳可能的棋著下法會讓最大化的玩家勝出，TTTBoard 類別的 evaluate() 方法會傳回 1 分；如果最佳下法會導致敗局，則傳回 -1；如果最佳下法會平手，則傳回 0。

達到基本情況就會傳回這些數字，然後它們透過所有導致基本情況的遞迴呼叫一一浮現。對於每次最大化的遞迴呼叫而言，就是提出下一層的最佳評估。對於每次最小化遞迴呼叫而言，最糟的評估將再往下一層出現。決策樹就透過這種方式建置起來了，如圖 8.2 就是還剩兩步的井字遊戲 minimax 決策樹。

對於搜尋空間太深而無法到達最終位置的遊戲（例如西洋跳棋和西洋棋），minimax 會在特定的深度（要搜尋的下棋步數深度，有時稱為**分支數** [*ply*]）之後停止。然後使用啟發方式來評分遊戲的狀態，進而啟動評估函式。遊戲對先下的玩家越好，獎勵的分數就越高。後續談到搜尋空間比井字棋更大的四子棋，還會再討論這個概念。

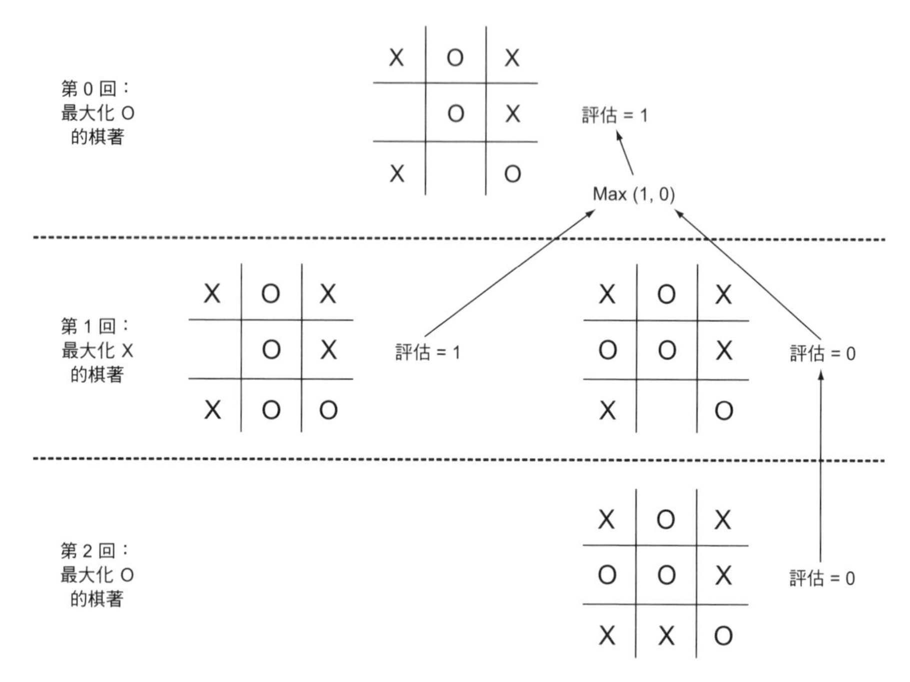

圖 8.2 還剩兩步的井字遊戲 minimax 決策樹。為了將勝出的可能性最大化，開始的玩家 O 將選擇在底部中間的位置下 O。箭頭表示做出決定的位置。

以下是完整的 `minimax()`：

程式 8.8 minimax.py

```
from __future__ import annotations
from board import Piece, Board, Move

# 為原本的玩家找出最佳可能的結果
def minimax(board: Board, maximizing: bool, original_player:
     Piece, max_depth: int = 8) -> float:
    # 基本情況 - 終點位置或到達最大深度
```

```
    if board.is_win or board.is_draw or max_depth == 0:
        return board.evaluate(original_player)

    # 遞迴情況 - 將你獲得的最大化，或將對手獲得的最小化
    if maximizing:
        best_eval: float = float("-inf") # 任意低起點
        for move in board.legal_moves:
            result: float = minimax(board.move(move), False,
 original_player, max_depth - 1)
            best_eval = max(result, best_eval)
        return best_eval
    else: # 最小化
        worst_eval: float = float("inf")
        for move in board.legal_moves:
            result = minimax(board.move(move), True, original_player,
 max_depth - 1)
            worst_eval = min(result, worst_eval)
        return worst_eval
```

每個遞迴呼叫我們都需要記錄棋盤位置是否要最大化或最小化，並且試著為 (original_player) 評估位置。minimax() 的前幾行處理這個遞迴的基本情況：終端節點（勝出、失敗或平手）或到達最大深度。函式剩餘部分是遞迴情況。

其中一種遞迴情況是最大化，我們要在這種情況尋找能夠產生最高可能評估的一步棋著。另一種遞迴情況是最小化，我們要尋找導致最低可能評估的一步棋著。無論哪一種，這兩種情況都會交替出現，直到到達終端狀態或最大深度（基本情況）為止。

不幸的是，我們不能用現在這個 minimax() 實作物來找出給定位置的最佳棋著。它會傳回評估值（float 值），但它沒有告訴我們是哪一步產生了這樣的評估。

因此我們將建立一個輔助函式 find_best_move()，該函式針對某個位置的每個合法棋著重複呼叫 minimax()，來找出評估值最高的一步棋。你可以將 find_best_move() 視為對 minimax() 的第一次最大化呼叫，但是我們需要記錄這些初始棋著。

程式 8.9 minimax.py 承上

```
# 找出目前位置最好的棋著
# 往前查詢 max_depth
def find_best_move(board: Board, max_depth: int = 8) -> Move:
    best_eval: float = float("-inf")
    best_move: Move = Move(-1)
    for move in board.legal_moves:
        result: float = minimax(board.move(move), False, board.turn,
 max_depth)
        if result > best_eval:
            best_eval = result
            best_move = move
    return best_move
```

現在一切都已準備就緒，可以找出井字遊戲任何位置最好可能的棋著。

8.2.3 以井字棋測試 minimax

井字棋對我們人類來說是一款簡單的遊戲，要在給定的位置找出明確且正確的一步棋，這樣很容易就能開發單元測試。在以下程式碼片段，我們將挑戰 minimax 演算法，在 3 個不同的井字棋位置找出正確的下一步棋。一開始很容易，只要求它考慮可以獲勝的下一步。再來需要阻止；AI 必須阻止它的對手勝出。最後就更具挑戰，因為我們要求 AI 能思考未來的兩步棋。

程式 8.10 tictactoe_tests.py

```
import unittest
from typing import List
from minimax import find_best_move
from tictactoe import TTTPiece, TTTBoard
from board import Move


class TTTMinimaxTestCase(unittest.TestCase):
    def test_easy_position(self):
        # 在一棋著之內獲勝
        to_win_easy_position: List[TTTPiece] = [TTTPiece.X, TTTPiece.O,
 TTTPiece.X,
                                                 TTTPiece.X, TTTPiece.E,
 TTTPiece.O,
                                                 TTTPiece.E, TTTPiece.E,
 TTTPiece.O]
```

```
        test_board1: TTTBoard = TTTBoard(to_win_easy_position,
    TTTPiece.X)
        answer1: Move = find_best_move(test_board1)
        self.assertEqual(answer1, 6)

    def test_block_position(self):
        # 必須阻擋 O 勝出
        to_block_position: List[TTTPiece] = [TTTPiece.X, TTTPiece.E,
    TTTPiece.E,
                                             TTTPiece.E, TTTPiece.E,
    TTTPiece.O,
                                             TTTPiece.E, TTTPiece.X,
    TTTPiece.O]
        test_board2: TTTBoard = TTTBoard(to_block_position, TTTPiece.X)
        answer2: Move = find_best_move(test_board2)
        self.assertEqual(answer2, 2)


    def test_hard_position(self):
        # 找出贏兩步棋的最佳棋著
        to_win_hard_position: List[TTTPiece] = [TTTPiece.X, TTTPiece.E,
    TTTPiece.E,
                                                TTTPiece.E, TTTPiece.E,
    TTTPiece.O,
                                                TTTPiece.O, TTTPiece.X,
    TTTPiece.E]
        test_board3: TTTBoard = TTTBoard(to_win_hard_position,
    TTTPiece.X)
        answer3: Move = find_best_move(test_board3)
        self.assertEqual(answer3, 1)

if __name__ == '__main__':
    unittest.main()
```

當你執行 tictactoe_tests.py 的時候，所有這 3 個測試都應該會通過。

> **TIP** 實作 minimax 不需要太多程式碼，而且不只可以用在井字遊戲，還能用在很多遊戲。如果你打算為其他的遊戲實作 minimax，成功的關鍵在於建立和 minimax 設計方式運作得宜的資料結構（例如 Board 類別）。學生學習 minimax 的常見錯誤是使用可更改的資料結構，這樣的結構會因為遞迴呼叫 minimax 而遭到更改，然後就無法轉回它的原始狀態，也就無法進行其他額外的呼叫。

8.2.4 開發井字棋 AI

這一切的要素都準備就緒之後，要跨出下一步來開發可以競玩整個井字棋遊戲的全人工對手就非常簡單了。AI 不會評估測試位置，它只會評估對手每一步棋所產生的位置。在以下簡短程式碼片段，井字棋 AI 和先下的人類對手比賽：

程式 8.11 tictactoe_ai.py

```
from minimax import find_best_move
from tictactoe import TTTBoard
from board import Move, Board

board: Board = TTTBoard()

def get_player_move() -> Move:
    player_move: Move = Move(-1)
    while player_move not in board.legal_moves:
        play: int = int(input("Enter a legal square (0-8):"))
        player_move = Move(play)
    return player_move

if __name__ == "__main__":
    # 主要的遊戲迴圈
    while True:
        human_move: Move = get_player_move()
        board = board.move(human_move)
        if board.is_win:
            print("Human wins!")
            break
        elif board.is_draw:
            print("Draw!")
            break
        computer_move: Move = find_best_move(board)
        print(f"Computer move is {computer_move}")
        board = board.move(computer_move)
        print(board)
        if board.is_win:
            print("Computer wins!")
            break
        elif board.is_draw:
            print("Draw!")
            break
```

因為 find_best_move() 的 max_depth 預設值為 8，這個井字棋 AI 始終會看到遊戲最終（井字棋最多的棋步數量為 9，而 AI 是後下）。因此，每次應該都能完美地玩到最後。完美的比賽是雙方在每回合都使出最好的一著。井字棋遊戲完美的結局是平手。考慮到這一點，你應該永遠都無法擊敗井字棋 AI。如果你使盡全力，就會是平手。如果犯錯，AI 就會勝出。自己試試，你應該無法擊敗它。

8.3 四子棋

在四子棋（Connect Four[1]）這個遊戲，兩名玩家輪流將不同顏色的棋子放進 7 行 6 列的垂直格子棋盤。棋子從棋盤的頂部落到底部，直到它們碰到底部或另一棋子。基本上，玩家每回合唯一要決定的就是要將棋子放進 7 行中的哪一行。如果已經放滿棋子，玩家就不能再將棋子放進該行。第 1 位讓屬於他顏色的棋子在列、行或對角線連續排成 4 顆，就是獲勝的玩家。如果沒有玩家完成這一點，而且所有格子都填滿，就算平手。

8.3.1 四子棋遊戲機

四子棋在許多方面都類似井字遊戲，這兩種遊戲都在格狀棋盤進行，而且需要玩家輪流下棋來取勝。但因為四子棋格狀棋盤更大，而且勝出的方式更多，因此評估每個位置也就更為複雜。

以下部分程式碼看起來非常熟悉，但是資料結構和評估方法卻和井字棋完全不同。這兩款遊戲都是用本章開頭的相同的 Piece 和 Board 基礎類別來實作遊戲的子類別，讓 minimax() 可以用在這兩款遊戲。

程式 8.12 connectfour.py

```
from __future__ import annotations
from typing import List, Optional, Tuple
from enum import Enum
from board import Piece, Board, Move

class C4Piece(Piece, Enum):
    B = "B"
    R = "R"
    E = " " # 代替空格
```

1 Connect Four 是孩之寶公司（Hasbro, Inc.）的商標。在此僅以描述和正面的樣貌使用它。

```
    @property
    def opposite(self) -> C4Piece:
        if self == C4Piece.B:
            return C4Piece.R
        elif self == C4Piece.R:
            return C4Piece.B
        else:
            return C4Piece.E

    def __str__(self) -> str:
        return self.value
```

C4Piece 類別和 TTTPiece 類別幾乎完全相同。

接下來這個函式，能在特定大小的四子棋格狀棋盤產生所有可能勝出的棋著：

程式 8.13 connectfour.py 承上

```
def generate_segments(num_columns: int, num_rows: int, segment_length:
    int) > List[List[Tuple[int, int]]]:
    segments: List[List[Tuple[int, int]]] = []
    # 產生垂直線段
    for c in range(num_columns):
        for r in range(num_rows - segment_length + 1):
            segment: List[Tuple[int, int]] = []
            for t in range(segment_length):
                segment.append((c, r + t))
            segments.append(segment)

    # 產生水平線段
    for c in range(num_columns - segment_length + 1):
        for r in range(num_rows):
            segment = []
            for t in range(segment_length):
                segment.append((c + t, r))
            segments.append(segment)

    # 產生左下到右上的對角線段
    for c in range(num_columns - segment_length + 1):
        for r in range(num_rows - segment_length + 1):
            segment = []
            for t in range(segment_length):
                segment.append((c + t, r + t))
            segments.append(segment)
```

```
    # 產生左上角到右下角的對角線段
    for c in range(num_columns - segment_length + 1):
        for r in range(segment_length - 1, num_rows):
            segment = []
            for t in range(segment_length):
                segment.append((c + t, r - t))
            segments.append(segment)
    return segments
```

這個函式傳回格狀棋盤位置（行 / 列組合而成的多元組）的串列的串列。列表裡的每個列表包含 4 個格狀棋盤位置，我們將這些 4 個格狀棋盤位置的串列表裡的每一個稱為**區段**（*segment*）。如果棋盤任一區段都是相同的顏色，那麼那個顏色就是勝出。

能夠快速搜尋棋盤上的所有區段，對於檢查遊戲是否結束（有人勝出）和評估位置都很有用。因此，你會在下一段程式碼片段注意到，我們會將給定大小的棋盤區段快取成 C4Board 類別裡名為 SEGMENTS 的類別變數。

程式 8.14 connectfour.py 承上

```
class C4Board(Board):
    NUM_ROWS: int = 6
    NUM_COLUMNS: int = 7
    SEGMENT_LENGTH: int = 4
    SEGMENTS: List[List[Tuple[int, int]]] = generate_segments(
     NUM_COLUMNS, NUM_ROWS, SEGMENT_LENGTH)
```

C4Board 類別擁有一個名為 Column 的內部類別。這個類別並非必要，因為我們可以像在井字棋所用的一樣，使用一維串列來表示格狀棋盤，或者使用二維串列表也可以。相較這些解決方案，使用 Column 類別可能會稍微降低效能。但是，將四子棋棋盤思考成 7 個直行的集合，就概念上會容易很多，而且要編寫 C4Board 類別剩餘的部分就稍微容易。

程式 8.15 connectfour.py 承上

```
class Column:
    def __init__(self) -> None:
        self._container: List[C4Piece] = []

    @property
    def full(self) -> bool:
        return len(self._container) == C4Board.NUM_ROWS

    def push(self, item: C4Piece) -> None:
        if self.full:
            raise OverflowError("Trying to push piece to full column")
        self._container.append(item)

    def __getitem__(self, index: int) -> C4Piece:
        if index > len(self._container) - 1:
            return C4Piece.E
        return self._container[index]

    def __repr__(self) -> str:
        return repr(self._container)

    def copy(self) -> C4Board.Column:
        temp: C4Board.Column = C4Board.Column()
        temp._container = self._container.copy()
        return temp
```

Column 類別和我們在前面各章使用的 Stack 類別非常類似。這很合理，因為就概念而言，四子棋的行在競玩的過程是可以推入但從未提出的堆疊。但不同於我們之前的堆疊，四子棋的行有著只能放 6 個項目的限制。同樣有趣的是 __getitem__()，這個特殊方法允許以索引對 Column 實體下標。這可將行串列視為二維串列。請注意，就算 _container 在某些特定列上並無項目，__getitem__() 還是會傳回空棋子。

接下來的 4 個方法和它們在井字遊戲的版本相當類似。

程式 8.16 connectfour.py 承上

```
def __init__(self, position: Optional[List[C4Board.Column]] = None,
     turn: C4Piece = C4Piece.B) -> None:
    if position is None:
        self.position: List[C4Board.Column] = [C4Board.Column()
     for _ in range(C4Board.NUM_COLUMNS)]
    else:
```

```
            self.position = position
        self._turn: C4Piece = turn

    @property
    def turn(self) -> Piece:
        return self._turn

    def move(self, location: Move) -> Board:
        temp_position: List[C4Board.Column] = self.position.copy()
        for c in range(C4Board.NUM_COLUMNS):
            temp_position[c] = self.position[c].copy()
        temp_position[location].push(self._turn)
        return C4Board(temp_position, self._turn.opposite)

    @property
    def legal_moves(self) -> List[Move]:
        return [Move(c) for c in range(C4Board.NUM_COLUMNS) if not
         self.position[c].full]
```

輔助方法 _count_segment() 傳回特定區段黑色和紅色棋子的數量。其次是勝出檢查方法 is_win()，會查看棋盤裡的所有區段，並使用 _count_segment() 來檢查是否有任何區段有 4 個相同顏色，而以此來確定勝出。

程式 8.17 connectfour.py 承上

```
    # 傳回特定區段黑色和紅色棋子的數量
    def _count_segment(self, segment: List[Tuple[int, int]]) ->
     Tuple[int, int]:
        black_count: int = 0
        red_count: int = 0
        for column, row in segment:
            if self.position[column][row] == C4Piece.B:
                black_count += 1
            elif self.position[column][row] == C4Piece.R:
                red_count += 1
        return black_count, red_count

    @property
    def is_win(self) -> bool:
        for segment in C4Board.SEGMENTS:
            black_count, red_count = self._count_segment(segment)
            if black_count == 4 or red_count == 4:
                return True
        return False
```

就如同 TTTBoard，C4Board 不需修改就可以使用抽象基礎類別 Board 的 is_draw 屬性。

最後要評估位置，我們將評估它所代表的所有區段，一次一個區段，然後加總這些評估再傳回結果。同時包含紅色和黑色棋子的區段將視為沒有用處，具有兩個相同顏色和兩個空格的區段將視為 1 分，具有 3 個相同顏色的區段是 100 分。最後，具有 4 個相同顏色的區段（勝出）則是 1000000 分。如果是對手的區段，則將分數設為負值。_evaluate_segment() 這個輔助方法將使用前面的公式來評估單一區段，而綜合所有區段的 _evaluate_segment() 分數，是由 evaluate() 所產生。

程式 8.18 connectfour.py 承上

```
def _evaluate_segment(self, segment: List[Tuple[int, int]], player:
    Piece) -> float:
    black_count, red_count = self._count_segment(segment)
    if red_count > 0 and black_count > 0:
        return 0 # 混合的區段為中立
    count: int = max(red_count, black_count)
    score: float = 0
    if count == 2:
        score = 1
    elif count == 3:
        score = 100
    elif count == 4:
        score = 1000000
    color: C4Piece = C4Piece.B
    if red_count > black_count:
        color = C4Piece.R
    if color != player:
        return -score
    return score

def evaluate(self, player: Piece) -> float:
    total: float = 0
    for segment in C4Board.SEGMENTS:
        total += self._evaluate_segment(segment, player)
    return total

def __repr__(self) -> str:
    display: str = ""
    for r in reversed(range(C4Board.NUM_ROWS)):
        display += "|"
        for c in range(C4Board.NUM_COLUMNS):
```

```
            display += f"{self.position[c][r]}" + "|"
        display += "\n"
    return display
```

8.3.2 四子棋 AI

讓人驚訝的是，我們為井字遊戲開發的相同的 minimax() 和 find_best_move() 函式可以不修改就直接用在這個四子棋實作物。在以下的程式碼片段，只是將井字棋 AI 的程式碼做了幾處修改。最大的不同是現在將 max_depth 設為 3，這讓電腦每步棋的思考時間變得合理。也就是說，我們的四子棋 AI 會查看（評估）未來最多 3 步棋的位置。

程式 8.19 connectfour_ai.py

```
from minimax import find_best_move
from connectfour import C4Board
from board import Move, Board

board: Board = C4Board()

def get_player_move() -> Move:
    player_move: Move = Move(-1)
    while player_move not in board.legal_moves:
        play: int = int(input("Enter a legal column (0-6):"))
        player_move = Move(play)
    return player_move

if __name__ == "__main__":
    # 主要的遊戲迴圈
    while True:
        human_move: Move = get_player_move()
        board = board.move(human_move)
        if board.is_win:
            print("Human wins!")
            break
        elif board.is_draw:
            print("Draw!")
            break
        computer_move: Move = find_best_move(board, 3)
        print(f"Computer move is {computer_move}")
        board = board.move(computer_move)
        print(board)
        if board.is_win:
            print("Computer wins!")
```

```
            break
        elif board.is_draw:
            print("Draw!")
            break
```

試著玩玩四子棋 AI。你會注意到，產生每一步棋都需要花費幾秒鐘的時間，這和井字遊戲 AI 不同。除非你仔細思考自己的每步棋，不然它可能還是會打敗你。至少它不會出現任何完全明顯的錯誤。我們可以增加它的搜尋深度來改善它，但這也會使電腦的每一步棋花費更長的運算時間。

TIP 你知道電腦科學家已經「解決」四子棋了嗎？解決遊戲的意思是指知道任何位置的最佳棋著。四子棋最好的第 1 步是將你的棋子放在中間那一行。

8.3.3 以 alpha-beta 修剪法改善 minimax

Minimax 能運作得很好，但是我們目前還沒有進行很深入的搜尋。Minimax 有個稱為 *alpha-beta* **修剪法**（*alpha-beta pruning*）的小擴充，能排除已經搜尋過的位置來改善搜尋深度。這種魔術是藉著記錄遞迴呼叫 minimax 之間的兩個值來完成：alpha 和 beta。*Alpha* 表示對目前為止在搜尋樹裡找到的最好的「最大化」棋著，而 *beta* 表示針對對手到目前所找到的最好的「最小化」棋著。如果 beta 始終小於等於 alpha，就不值得進一步探索該搜尋分支，因為已經找到了比該分支更好或一樣好的一步棋。這種啟發式方法大大減少了搜尋空間。

這是剛才所說的 alphabeta()，它應該放進我們現有的 minimax.py 檔案。

程式 8.20 minimax.py 承上

```
def alphabeta(board: Board, maximizing: bool, original_player: Piece,
     max_depth: int = 8, alpha: float = float("-inf"), beta: float =
     float("inf")) -> float:
    # 基本情況 - 終點位置或到達最大深度
    if board.is_win or board.is_draw or max_depth == 0:
        return board.evaluate(original_player)

    # 遞迴情況 - 將你獲得的最大化，或將對手獲得的最小化
    if maximizing:
        for move in board.legal_moves:
            result: float = alphabeta(board.move(move), False,
```

```
original_player, max_depth - 1, alpha, beta)
            alpha = max(result, alpha)
            if beta <= alpha:
                break
        return alpha
    else:  # 最小化
        for move in board.legal_moves:
            result = alphabeta(board.move(move), True, original_player,
max_depth - 1, alpha, beta)
            beta = min(result, beta)
            if beta <= alpha:
                break
        return beta
```

現在你可以做兩個非常小的更改，來利用我們的新函式。minimax.py 裡的 `find_best_move()` 原本是使用 `minimax()`，現在將它改成使用 `alphabeta()`，然後也將 connectfour_ai.py 裡的搜尋深度從 3 改成 5。藉由這些更改，普通的玩家大概就將無法勝過我們的 AI。在我的電腦若以深度為 5 使用 `minimax()`，我們的四子棋 AI 每一步棋大約需要思考 3 分鐘，然而在相同深度使用 `alphabeta()` 每步棋大約需要 30 秒。只花六分之一的時間！是不可思議的進步。

8.4 改善 minimax（可超越 alpha-beta 修剪法）

本章所呈現的演算法在過去多年來已經進行過深入的研究，並且找出了諸多改進。其中若干改進是針對特定的遊戲，例如西洋棋的 bitboard 減少了產生合法棋著所需要的時間，但是大多數的改進都是可用於任何遊戲的通用技術。

其中一種常見的技巧是迭代深化。這種技巧首先要將搜尋函式執行到最大深度 1，然後再執行到最大深度 2，接著再執行到最大深度 3，依此類推。當到達指定的時限就停止搜尋，並傳回最後完成深度的結果。

本章範例已將特定的深度寫死在程式碼裡，如果遊戲沒有計時和時間限制，或者我們不在意電腦思考所需的時間，這麼做是無妨。迭代深化讓 AI 能以固定的時間來找出它的下一步棋著，而不是以固定的搜尋深度和不定的時間來完成。

另一個潛在的改進是靜態搜尋。這種技巧的 minimax 搜尋樹將沿著造成位置有大變化的路徑（例如西洋棋的吃子）進一步擴充（而非相對「安靜」位置的路線）。這種作法在搜尋時，理想上就不會在無趣的位置浪費運算時間，因為這些位置不太可能讓玩家獲得明顯的優勢。

改進 minimax 搜尋的兩種最佳方式，是在指定的時間內搜尋更大的深度，或者改進用來評估位置的評估函式。在相同的時間內搜尋更多位置意謂著在每個位置花費的時間必須變少，這可藉由改進搜尋程式碼的效率或使用更快的硬體，但也可藉由使用較快硬體的優勢，來改進每個位置的評估。使用更多的參數或啟發式作法來評估位置看起來會花費較多時間，但最終可以會獲得僅需更少搜尋深度就能找到好棋著的絕佳引擎。

某些在西洋棋裡和 alpha-beta 修剪法一起用在 minimax 搜尋的評估函式具有數十種啟發式作法。基因演算法甚至已經用來調整這些啟發式演算法。在西洋棋吃掉一支騎士棋子應該價值多少？它的價值應該和主教一樣嗎？這些啟發式作法可能就是區隔優秀的西洋棋引擎和普通的西洋棋引擎的秘密。

8.5 現實世界的應用

Minimax 再結合如 alpha-beta 修剪法之類的進一步擴充，是大多數現代西洋棋引擎的基礎。它已非常成功的應用在各種策略遊戲。實際上，你在電腦玩的大部分棋盤遊戲的人工對手可能都使用了某種形式的 minimax。

Minimax（和它的擴充，例如 alpha-beta 修剪法）在西洋棋中是如此有效，也因此在 1997 年造成了著名的 IBM 西洋棋電腦深藍（Deep Blue）打敗西洋棋世界冠軍 Gary Kasparov。這是一場受到高度期待且改變比賽規則的賽事。西洋棋曾被視為是位在最高智商領域的腦力活動，而電腦在西洋棋超越人類能力的事實，在某些情況也意味著應該認真對待人工智慧。

二十年之後，絕大多數的西洋棋引擎仍然是以 minimax 為基礎。當今以 minimax 為基礎的西洋棋引擎實力遠超過世界上最好的人類西洋棋士。新的機器學習技術開始挑戰純粹以 minimax（和擴充）為基礎的西洋棋引擎，但是它們尚未決定性的證明它們在西洋棋的優越。

遊戲的分支因子越高，minimax 的效能就越低。分支因子是某個遊戲某個位置潛在動作（或棋著）的平均次數。這就是為什麼電腦下圍棋的最新進展，已必須探索諸如機器學習等其他領域。以機器學習為基礎的圍棋 AI 現在已經打敗了最強的人類棋士。圍棋的分支因子（還有它的搜尋空間），會讓以 minimax 為基礎的演算法無能為力去產生包含未來位置的樹狀結構。但圍棋是特例，而非常態。大多數傳統棋盤遊戲（西洋跳棋、西洋棋、四子棋、拼字遊戲等）的搜尋空間都小到以 minimax 為基礎的技術就能運作得很好。

如果你正在實作新的棋盤遊戲的人工對手，甚或要實作純粹電腦導向的回合制遊戲的 AI，minimax 或許是你應該最先採用的演算法。Minimax 也可以用在經濟和政治模擬，也能用在博弈論裡的實驗。 Alpha-beta 修剪法應該也能搭配任何形式的 minimax。

8.6 練習

1. 將單元測試加到井字遊戲，來確保 `legal_moves`、`is_win`、`is_draw` 屬性可以正確運作。
2. 建立四子棋的 minimax 單元測試。
3. tictactoe_ai.py 和 connectfour_ai.py 裡的程式碼幾乎相同。請將它重構成其內的兩個方法可以適用任一種遊戲。
4. 更改 connectfour_ai.py 讓電腦能和它自己對戰。請問是第一個或第二個玩家勝出？每次都是相同的玩家嗎？
5. 能不能找到一種方法（藉著對程式進行效能分析或採用其他方法）來最佳化 connectfour.py 裡的評估方法，以期能在相同的時間內達到更高的搜尋深度？
6. 將本章開發的 `alphabeta()` 函式搭配 Python 程式庫使用，來產生合法的西洋棋棋著，並且維護西洋棋遊戲狀態，進而開發西洋棋 AI。

9 各種疑難雜症

我們在這整本書涵蓋了現代軟體開發工作相關的諸多問題解決技術。為了研究每種技術，我們已經探索了許多知名的電腦科學問題。但並非每個知名問題都適合前面幾章；本章就匯集了不太適合放進其他各章的知名問題。請將這些問題視為額外的收穫：以更少的支架解決更有趣的問題。

9.1 背包問題

背包問題是個最佳化問題，它需要通用的運算需求（根據有限的使用選項，找出有限資源的最佳使用方式），並將它轉變成有趣的故事。小偷意圖偷竊而進到家中，他有背包，但能偷什麼則受限於背包的容量。他如何找出能放進背包的東西？這個問題如圖 9.1 所示。

如果小偷可以拿走物品的數量不限，他可以簡單的將每個物品的價值除以重量，就能根據可用容量而得到最有價值的物品。但是，為了讓場景更逼真，我們假設小偷不能拿走半件物品（例如 2.5 台電視）。取而代之的就是我們要提出一種解決 0/1 變體問題的方法，之所以這麼稱呼是因為它強制執行另一條規則：每一種物品小偷可能只拿走一件，也可能一件也不拿。

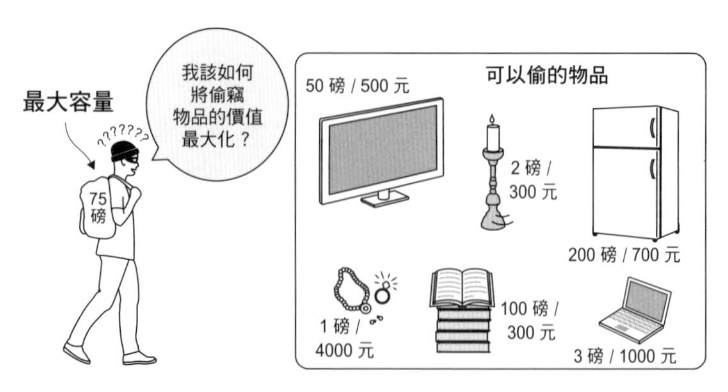

圖 9.1 因為背包容量有限，因此小偷必須決定要偷什麼。

首先，我們要先定義 NamedTuple 來存放物品資訊。

程式 9.1 knapsack.py

```
from typing import NamedTuple, List

class Item(NamedTuple):
    name: str
    weight: int
    value: float
```

如果我們試著使用暴力法來解決這個問題，就該研究每一種可以放入背包的物品組合。對於數學好的人來說，這稱為**冪集**（*powerset*），而集合的冪集（在我們的例子則是物品的集合）有 2^*N* 種不同可能的子集合，其中 *N* 是物品的數量。因此，我們需要分析 2^*N* 種組合（O(2^*N*)）。如果是少量的物品，這還沒問題，但數量若是太大就撐不住了。任何使用指數步驟數量解決問題的方法，都是我們要避免的方法。

取而代之的是我們將使用稱為**動態規劃**（*dynamic programming*）的技術，這種技術在概念上和備忘法（第 1 章）類似。動態規劃不是用暴力法直接解決問題，而是解決構成大問題的子問題、儲存這些結果，再利用這些儲存結果來解決大問題。只要以個別的步驟考慮背包的容量，就能以動態規劃解決這個問題。

舉例來說，要解決背包容量為 3 磅、物品數量為 3 的問題，我們可以先解決容量為 1 磅且有 1 件可能物品、容量為 2 磅且有 1 件可能物品，以及容量為 3 磅且有 1 件可能物品等問題。接著，我們可以使用此解決方案的這些結果來解決 1 磅容量和 2 件可能物品、2 磅容量和 2 件可能物品，以及 3 磅容量和 2 件可能物品的問題。最後，我們可以解決所有 3 件可能的物品。

在整個過程當中，我們將填寫一張表格，這張表格會告訴我們每種物品和容量組合的最佳解決方案。我們的函式會先填寫這張表格，然後根據此表找出解決方案[1]。

程式 9.2 knapsack.py 承上

```
def knapsack(items: List[Item], max_capacity: int) -> List[Item]:
    # 建置動態規劃表格
    table: List[List[float]] = [[0.0 for _ in range(max_capacity + 1)]
     for _ in range(len(items) + 1)]
    for i, item in enumerate(items):
        for capacity in range(1, max_capacity + 1):
            previous_items_value: float = table[i][capacity]
            if capacity >= item.weight: # 適合背包的項目
                value_freeing_weight_for_item: float = table[i]
     [capacity - item.weight]
                # 比先前項目更有價值才拿
                table[i + 1][capacity] = max(value_freeing_weight_for_
     item + item.value, previous_items_value)
            else: # 沒有此項目的空間
                table[i + 1][capacity] = previous_items_value
    # 從表格算出解答
    solution: List[Item] = []
    capacity = max_capacity
    for i in range(len(items), 0, -1): # 往回處理
        # 用過這項目嗎？
        if table[i - 1][capacity] != table[i][capacity]:
            solution.append(items[i - 1])
            # 若此項目已用過，刪除它的重量
            capacity -= items[i - 1].weight
    return solution
```

1 我研究了好幾種資源來編寫這個解決方案，其中最權威的是 Robert Sedgewick 著作的《*Algorithms*》(Addison-Wesley, 1988) 第二版 (p.596)。我查看了 Rosetta Code 的 0/1 背包問題的幾個範例，最知名的是 Python 動態規劃解決方案（http://mng.bz/kx8C），而這個函式很大一部分是由本書 Swift 版本移植過來（它從 Python 到 Swift，然後又回到 Python）。

這個函式第一部分的內部迴圈將執行 $N * C$ 次，其中 N 是物品數量，C 是背包最大容量。因此這個演算法的執行時間為 $O(N * C)$，相對於針對龐大物品數量的暴力法來說，這是重大改進。舉例來說，對後續的 11 項物品，暴力破解演算法將需要檢查 2 ^ 11 或 2,048 種組合。前面的動態規劃函式將執行 825 次，因為我們所討論的背包最大容量為 75 個任意單位（11 * 75）。這種差異將因為物品更多而指數成長。

讓我們看看實際運作的解決方案。

程式 9.3 knapsack.py 承上

```
if __name__ == "__main__":
    items: List[Item] = [Item("television", 50, 500),
                         Item("candlesticks", 2, 300),
                         Item("stereo", 35, 400),
                         Item("laptop", 3, 1000),
                         Item("food", 15, 50),
                         Item("clothing", 20, 800),
                         Item("jewelry", 1, 4000),
                         Item("books", 100, 300),
                         Item("printer", 18, 30),
                         Item("refrigerator", 200, 700),
                         Item("painting", 10, 1000)]
    print(knapsack(items, 75))
```

如果檢閱列印到主控台的結果，你會發現要拿的最佳物品是畫作、珠寶、衣物、筆記型電腦、音響、燭台。考慮到容量有限的背包，以下是一些供小偷竊取的最有價值物品的例子：

```
[Item(name='painting', weight=10, value=1000), Item(name='jewelry',
    weight=1, value=4000), Item(name='clothing', weight=20, value=800),
    Item(name='laptop', weight=3, value=1000), Item(name='stereo',
    weight=35, value=400), Item(name='candlesticks', weight=2,
    value=300)]
```

為了更能瞭解這一切的運作方式，讓我們看一下該函式的若干細節：

```
for i, item in enumerate(items):
    for capacity in range(1, max_capacity + 1):
```

對於每種物品可能的數量，我們以線性的方式重複探查所有容量，一直到背包容量的上限為止。請注意，我說的是「每種物品可能的數量」，而不是每種物品。當 i 等於 2 的時候，它不僅僅表示物品 2，它還表示每種探查過的容量的前兩種物品的可能組合。item 是我們正在考慮竊取的下一個物品：

```
previous_items_value: float = table[i][capacity]
if capacity >= item.weight: # 適合背包的項目
```

previous_items_value 是目前探查過的 capacity 裡面，最後的物品組合的值。對於每種可能的物品組合，我們要考慮有沒有可能加入最新的「新」物品。

如果該物品的重量超過背包容量，就只需將我們考慮的相關物品的最後一項組合的值複製過來：

```
else: # 沒有此項目的空間
    table[i + 1][capacity] = previous_items_value
```

不然的話，我們考慮加入「新」物品是否會比我們考慮的容量的物品最後組合產生更高的價值。為此，我們將物品的值加上表格裡已為物品先前組合算出的物品容量等於物品重量的值，並從我們正在考慮的目前容量中減去。如果此值比目前容量的最後物品組合還高，就將其插入；否則就插入最後的值：

```
value_freeing_weight_for_item: float = table[i][capacity - item.weight]
# 比先前項目更有價值才拿
table[i + 1][capacity] = max(value_freeing_weight_for_item +
     item.value, previous_items_value)
```

這就結束了表格的建置。但是，要實際找到解決方案包含哪些物品，我們需要從最大容量和最後探索的物品組合開始反向處理：

```
for i in range(len(items), 0, -1): # 往回處理
    # 用過這項目嗎？
    if table[i - 1][capacity] != table[i][capacity]:
```

我們從結束的地方開始，從右到左重複探查這份表格，檢查每個停止處插入表格的值是不是有改變：如果有，就意味著我們在特定組合中加了考慮過的新物品，因為該組合比之前的組合更有價值。因此，我們將該物品加到解決方案。而且容量也需減去此物品的重量，這可以看成是在表格向上移動：

```
solution.append(items[i - 1])
# 若此項目已用過，刪除它的重量
capacity -= items[i - 1].weight
```

> **NOTE** 在表格建置和解決方案搜尋的整個過程，你可能已經注意到迭代器和表格大小的若干操作為 1。從程式設計的角度而言，這麼做是為了方便。想一想問題是如何從零開始。問題一開始，我們正在處理零容量的背包。如果你從表格的底部開始處理，為什麼我們需要額外的列和行就變得很清楚。

你還覺得疑惑嗎？表 9.1 是 `knapsack()` 函式構建的表格。對前面的問題而言，這將是相當大的表格，因此在這邊將例子簡化成：3 磅容量的背包和 3 件物品（火柴（1 磅）、手電筒（2 磅）、書（1 磅））。假設這些物品的價值分別為 5 元、10 元、15 元。

表 9.1 背包問題的例子：內含 3 件物品

	0 磅	1 磅	2 磅	3 磅
火柴（1 磅, $5）	0	5	5	5
手電筒（2 磅, $10）	0	5	10	15
書（1 磅, $15）	0	15	20	25

當你從左向右查看表格時，重量正在增加（嘗試加入背包的重量）。當你從上往下查看表格時，試著裝進的物品數量正在增加。在第 1 列，你只試著要放進火柴。在第 2 列，你要放進背包所能容納的火柴和手電筒的最有價值組合。在第 3 列，你要放進所有這 3 件物品的最有價值組合。

請試著在這個協助你理解的練習，以這相同的 3 件物品使用 `knapsack()` 函式裡所描述的演算法，自己填寫此表的空白版本。然後，使用函式結尾的演算法讀回表中正確的物品。這個表格就相當於函式裡的 `table` 變數。

9.2 業務員旅行問題

業務員旅行問題（Traveling Salesman Problem，TSP）是所有運算裡最經典也備受討論的問題之一。業務員必須參訪地圖上的所有城市，而且每個城市只能參訪一次，然後在旅程結束時回到他出發的城市。每個城市彼此之間都直接連接，業務員可以按照任何順序參訪這些城市。業務員最短的路徑為何？

這個問題可以視為城市是頂點而城市之間的連接是邊的圖形問題（第 4 章）。你的第一反應可能是找出如第 4 章所述的最小生成樹，不幸的是，TSP 的解決方案並非這麼簡單。最小生成樹是連接所有城市的最短路線，但是它未能提供參訪所有城市一次的最短路徑。

雖然所提出的問題看起來相當簡單，但並沒有演算法可以針對任意數量的城市快速解決。我所謂的「快速」是什麼意思？意思是問題是所謂的 *NP-hard*（*NP-* 困難）。NP-hard（non-deterministic polynomial hard，非確定性多項式困難）問題是多項式時間演算法不存在的問題（花費的時間是輸入大小的多項式函數）。隨著業務員需要參訪的城市數量增加，解決問題的難度就會異常快速成長。要解決 20 個城市的問題，比起要解決 10 個城市困難很多。就目前所知，不可能在合理的時間內完美解決數百萬個城市的問題。

NOTE TSP 的單純法是 $O(n!)$，原因會在 9.2.2 節討論。但我們建議閱讀 9.2.2 節之前先讀過 9.2.1 節，因為這個問題的單純解決方案的實作物會讓它的複雜程度變得明顯。

9.2.1 單純法

解決這個問題的單純法只是嘗試每一種可能的城市組合。嘗試單純法將說明問題的難度，而這種方法不適合用在以暴力法解決更大規模的問題。

我們的樣本資料

在我們的 TSP 版本，業務員有興趣參訪佛蒙特州的 5 個主要城市。我們不會指定起點（還有終點）城市。圖 9.2 說明了 5 個城市和它們之間的開車距離。請注意，圖中列出了每兩個城市之間的路線距離。

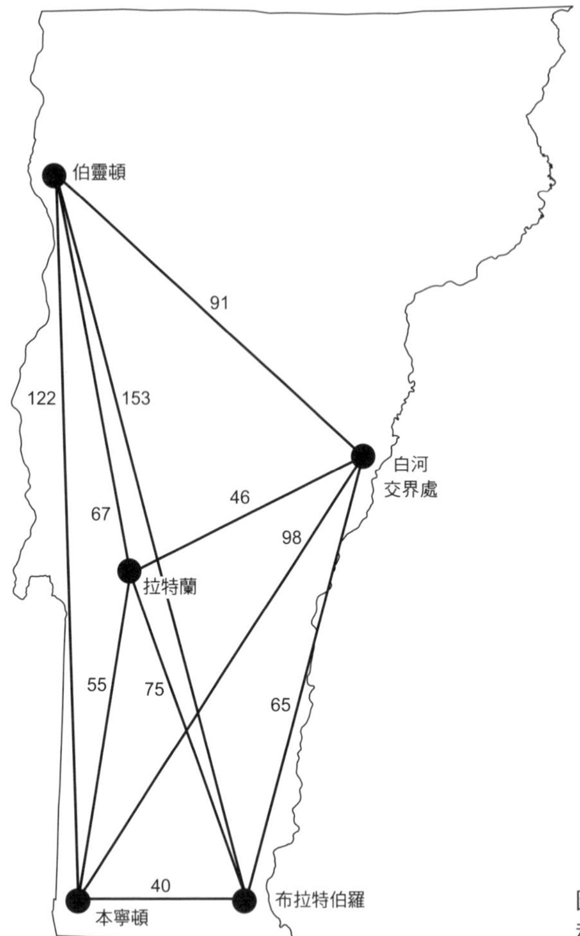

圖 9.2 佛蒙特州的 5 個城市和它們之間的開車距離。

也許你之前已經看過表格形式的開車距離了。在開車距離的表格裡，你很容易就能查到任兩城市之間的距離。表 9.2 列出了這個問題裡 5 個城市的開車距離。

表 9.2 佛蒙特州城市之間的開車距離

	拉特蘭	伯靈頓	白河交界處	本寧頓	布拉特爾伯勒
拉特蘭	0	67	46	55	75
伯靈頓	67	0	91	122	153
白河交界處	46	91	0	98	65
本寧頓	55	122	98	0	40
布拉特爾伯勒	75	153	65	40	0

我們需要整理這個問題裡的城市和它們之間的距離。為了更容易查詢城市之間的距離，我們將使用字典的字典，而且其中外層索引鍵集合代表對組的第 1 個，內層索引鍵集合則代表第 2 個。這將是 `Dict[str, Dict[str, int]]` 型別，它將允許諸如 `vt_distances["Rutland"]["Burlington"]` 之類的查詢，這個查詢應該傳回 67。

程式 9.4 tsp.py

```
from typing import Dict, List, Iterable, Tuple
from itertools import permutations

vt_distances: Dict[str, Dict[str, int]] = {
    "Rutland":
        {"Burlington": 67,
         "White River Junction": 46,
         "Bennington": 55,
         "Brattleboro": 75},
    "Burlington":
        {"Rutland": 67,
         "White River Junction": 91,
         "Bennington": 122,
         "Brattleboro": 153},
    "White River Junction":
        {"Rutland": 46,
         "Burlington": 91,
         "Bennington": 98,
         "Brattleboro": 65},
    "Bennington":
        {"Rutland": 55,
         "Burlington": 122,
         "White River Junction": 98,
         "Brattleboro": 40},
    "Brattleboro":
```

```
{"Rutland": 75,
 "Burlington": 153,
 "White River Junction": 65,
 "Bennington": 40} }
```

找出所有排列

解決 TSP 的單純法要求產生城市所有可能的排列，而產生排列的演算法有很多，他們都很簡單要能夠想得出來，你應該也能想出自己的排列演算法。

其中一種常見的方法是回溯。第 3 章已經介紹過回溯在解決限制滿足問題情境的應用。在解決限制滿足的問題時，會在找到無法滿足問題限制的部分解決方案之後使用回溯。像這種情況，你會回復到先前的狀態，並沿著導致錯誤的部分解決方案的不同路徑繼續搜尋。

要找出串列裡項目（例如我們的城市）的所有排列，你也可以使用回溯。在元素之間進行交換而繼續進一步排列的路徑之後，你可以將狀態回溯到進行交換之前，這樣就能做不同的交換以嘗試不同的路徑。

幸運的是，因為 Python 標準程式庫在它的 itertools 模組裡已經有了 permutations() 函式，因此不需要重新發明輪子，自己編寫排列產生演算法。我們在以下的程式碼片段產生了業務員旅行時需要參訪的佛蒙特州 5 個城市的所有排列；因為有 5 個城市，所以是 5!（5 階乘）或 120 個排列。

程式 9.5　tsp.py 承上

```
vt_cities: Iterable[str] = vt_distances.keys()
city_permutations: Iterable[Tuple[str, ...]] = permutations(vt_cities)
```

暴力搜尋

我們現在可以產生城市串列的所有排列，但這不完全和 TSP 路徑相同。回想一下，在 TSP 裡的業務員必須在結束時返回他出發所在的城市。使用串列解析式，我們很容易就能將排列裡的第 1 個城市加到排列的結尾之處。

程式 9.6 tsp.py 承上

```
tsp_paths: List[Tuple[str, ...]] = [c + (c[0],) for c in
     city_permutations]
```

現在準備好要測試我們已經排列過的路徑。暴力搜尋法會仔細查看路徑串列裡的每條路徑，並使用城市距離查找表（vt_distances）來計算每條路徑的總距離。它會同時列印出最短路徑和該路徑的總距離。

程式 9.7 tsp.py 承上

```
if __name__ == "__main__":
    best_path: Tuple[str, ...]
    min_distance: int = 99999999999 # 任意大數
    for path in tsp_paths:
        distance: int = 0
        last: str = path[0]
        for next in path[1:]:
            distance += vt_distances[last][next]
            last = next
        if distance < min_distance:
            min_distance = distance
            best_path = path
    print(f"The shortest path is {best_path} in {min_distance} miles.")
```

我們終於可以對佛蒙特州的城市施以暴力法了，找出到達這 5 個城市的最短路徑。最終的輸出看起來應該類似以下內容，而最佳路徑則如圖 9.3 所示。

```
The shortest path is ('Rutland', 'Burlington', 'White River Junction',
     'Brattleboro', 'Bennington', 'Rutland') in 318 miles.
```

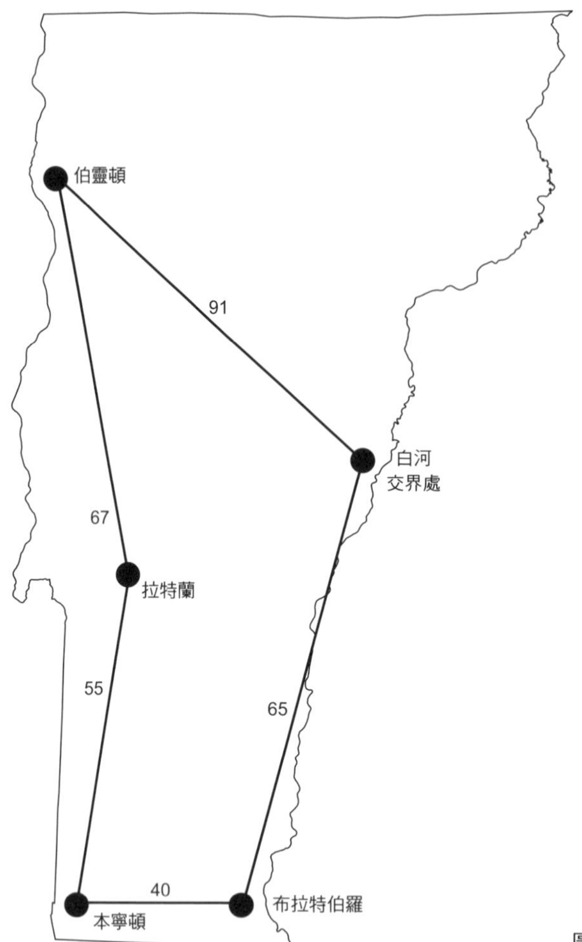

圖 9.3 業務員參訪佛蒙特州 5 個城市的最短路徑。

9.2.2 更好的 TSP 解法

TSP 並沒有簡單的答案，我們的單純法很快變得行不通。產生的排列數為 *n* 階乘 (*n!*)，其中的 *n* 是問題裡的城市數量。如果只再加入 1 個城市（變成 6 個），評估路徑的數量將會成長 6 倍。若然，如此之後僅再增加 1 個城市，解決的難度會是 7 倍。也就是說這種方法難以面對擴充！

在現實世界很少使用單純法解決 TSP。對於大量城市的問題實例而言，大多數演算法都是近似法。它們試著解決問題，尋求近似最佳的解決方案。近似最佳的解決方案和完美解決方案的差距會在很小的已知範圍內（例如它們的效率可能會降低，但不會多於 5%）。

兩種出現在本書的技術已經試著在大型資料集處理 TSP，其一是本章先前用在背包問題的動態規劃，另一個是第 5 章提及的基因演算法。很多已經發表的期刊文章認為基因演算法是龐大城市數量的 TSP 的近似最佳解決方案。

9.3 電話號碼的助憶碼

內建通訊錄的智慧手機出現之前，電話數字鍵盤的每個按鍵都包含了字母。之所以有這些字母，是為了提供更容易記住電話號碼。在美國，通常按鍵 1 沒有字母、按鍵 2 有 ABC、按鍵 3 是 DEF、按鍵 4 是 GHI、按鍵 5 是 JKL、按鍵 6 是 MNO、按鍵 7 是 PQRS、按鍵 8 是 TUV、按鍵 9 是 WXYZ，而按鍵 0 也沒有字母。舉例來說，1-800-MY-APPLE 對應到的電話號碼是 1-800-69-27753。有時候你還會在廣告裡找到這些幫助記憶的字母（稱為助憶碼），因此鍵盤上的數字也已經進入現代智慧手機的應用程式了，如圖 9.4 所示。

要如何替電話號碼找出新的助憶碼？ 1990 年代有個對此很有幫助且流行的共享軟體，這些軟體會產生電話號碼字母的每種排列，然後查找字典找出包含在排列裡的單字。接著，將這些排列呈現給使用者，其中便包含了最完整的單字。在此我們將會解決這個問題的前半部，後半部的字典查找將留作練習。

圖 9.4 iOS 裡的電話 app 保留了它電話前輩所包含在按鍵上的字母。

在最後一個問題，當我們研究排列產生時，使用了 `permutations()` 函式產生 TSP 的可能路徑。但如前所述，有很多不同的方式可以產生排列。特別是對這個問題而言，我們不會從現有排列交換兩個位置來產生新的排列，而是從頭開始產生每個排列。為此我們將查找符合電話號碼每個數字的可能字母，並且在轉到每個連續數字時，不斷的在結尾加入更多選項。這是一種笛卡兒乘積，而且我們要再一次使用 Python 標準程式庫的 `itertools` 模組。

首先，我們將定義數字和可能字母之間的映對。

程式 9.8 tsp.py 承上

```
from typing import Dict, Tuple, Iterable, List
from itertools import product

phone_mapping: Dict[str, Tuple[str, ...]] = {"1": ("1",),
                                              "2": ("a", "b", "c"),
                                              "3": ("d", "e", "f"),
                                              "4": ("g", "h", "i"),
                                              "5": ("j", "k", "l"),
                                              "6": ("m", "n", "o"),
```

```
            "7": ("p", "q", "r", "s"),
            "8": ("t", "u", "v"),
            "9": ("w", "x", "y", "z"),
            "0": ("0",)}
```

下一個函式會給定電話號碼，將每個數字所有可能組合放到助憶碼串列裡，它的作法是替電話號碼裡的每個數字建立可能字母的多元組串列，然後以 itertools 的笛卡兒乘積函式 product() 將組合它們。請注意，使用拆解（*）運算子可以將 letter_tuples 裡的多元組當作 product() 的引數。

程式 9.9　tsp.py 承上

```
def possible_mnemonics(phone_number: str) -> Iterable[Tuple[str, ...]]:
    letter_tuples: List[Tuple[str, ...]] = []
    for digit in phone_number:
        letter_tuples.append(phone_mapping.get(digit, (digit,)))
    return product(*letter_tuples)
```

現在我們可以為電話號碼找出所有可能的助憶碼。

程式 9.10　tsp.py 承上

```
if __name__ == "__main__":
    phone_number: str = input("Enter a phone number:")
    print("Here are the potential mnemonics:")
    for mnemonic in possible_mnemonics(phone_number):
        print("".join(mnemonic))
```

利用這個程式可為電話號碼 1440787 找到更容易記的 1GH0STS。

9.4 現實世界的應用

和背包問題一起使用的動態規劃是一種廣為應用的技術，藉著將看似棘手的問題拆解成較小的問題，再從它們構建解決方案，可以解決這些棘手的問題。背包問題本身與其他最佳化問題有關，這些最佳化問題必須在一組有限但詳盡的選項（要竊取的物品）之間分配數量有限的資源（背包的容量）。想像一所大學需要分配它的運動預算，校方沒有足夠的資金讓每一隊都雨露均霑，而且也期望每一隊能帶來一些校友捐款。它可以進行類似背包的問題來充分運用預算分配。像這樣的問題在現實世界很常見。

對於像 UPS 和 FedEx 這類的運輸和物流公司來說，TSP 每天都在發生。包裹運送公司想要他們的司機儘可能的走最短路線，這不僅讓司機的工作更加愉快，更節省了油料和維護成本。我們都是為了工作或樂趣而在路上移動，在參訪諸多目的地時能找到最佳路線便可節省資源。但是，TSP 不只能用在路線移動，幾乎在需要單次參訪節點的任何路線情況都會出現。雖然最小生成樹（第 4 章）可以將連接鄰近地區需要的線路數量降到最少，但線路如果只能從某間房子連到下一間，且最終連回原點而形成巨大的迴路，最小生成樹就沒有告訴我們最佳的線路數量；而 TSP 提供了解答。

排列產生的技術（例如用在 TSP 和電話號碼助憶碼的單純法）對於測試所有的暴力演算法都很有用。舉例來說，如果你試著要破解短密碼，可以針對可能包含在密碼裡的字元來產生所有可能的排列。進行大規模排列產生工作的人應該明智的使用特別有效率的排列產生演算法，例如 Heap 演算法[2]。

9.5 練習

1 使用第 4 章的圖形框架，重新編寫 TSP 的單純法。

2 請實作基因演算法（如第 5 章所述）來解決 TSP。你可以從本章提及的佛蒙特州城市的簡單資料集開始。你能在短時間內以基因演算法獲得最佳解決方案嗎？接著請試著解決城市數量越來越多的 TSP。基因演算法的效果如何？搜尋網路可以找到專門針對 TSP 的大量資料集；請開發測試框架來檢查你的方法的效率。

3 將字典用在電話號碼助憶碼程式，並只傳回內含有效字典單字的排列。

2 Robert Sedgewick, "Permutation Generation Methods"（排列產生方法，普林斯頓大學），http://mng.bz/87Te.

附錄 A
詞彙表

這份附錄定義了全書精選的重要術語。

activation function（**激勵函數**）　在人工神經網路轉換神經元輸出的函數，通常會讓它能夠處理非線性轉換或確保它的輸出值會限制在某個範圍內（第 7 章）。

acyclic（**非循環**）　沒有循環的圖形（第 4 章）。

admissible heuristic（**可採納的啟發式演算法**）　A * 搜尋演算法的啟發式演算法，這種演算法永遠不會高估達到目標的成本（第 2 章）。

artificial neural network（**人工神經網路**）　使用運算工具模擬生物神經網路，以解決不容易簡化成傳統演算法形式的問題。需注意的是，人工神經網路的運作通常會偏離生物神經網路（第 7 章）。

auto-memoization（**自動備忘**）　在語言層級實作的一種備忘法版本，其中儲存了沒有副作用的函式呼叫結果，下次有完全相同的呼叫可直接查找已儲存的結果（第 1 章）。

backpropagation（**反向傳播**）　一種根據已知且正確的輸出和輸入來訓練神經網路權重的技術。對實際結果與預期結果之間的誤差而言，它每個權重的「責任」是以偏導數計算所得。這些差量將為後續的執行更新權重（第 7 章）。

backtracking（回溯） 在搜尋問題時碰到牆壁之後，回到先前的決策點（和上次嘗試的方向不同，第 3 章）。

bit string（位元串） 以單一位元儲存序列中每個 1、0 的資料結構，有時稱為**位元向量**或**位元陣列**（第 1 章）。

centroid（質心） *群聚*的中心點。這個點的每個維度通常是該維度其餘點的平均值（第 6 章）。

chromosome（染色體） 在基因演算法，**群體**裡的每一個體都稱為**染色體**（第 5 章）

cluster（群聚） 參見 *clustering*（第 6 章）。

clustering（群聚） 一種**無監督的學習**技術，將資料集分組成為彼此相關的點，稱為*群聚*（第 6 章）。

codon（密碼子） 形成氨基酸的 3 個**核苷酸**的組合（第 2 章）。

compression（壓縮） 對資料編碼（更改它的形式），使資料佔用較少的空間（第 1 章）。

connected（連接） 一種圖形屬性，用來指示任何**頂點**到任何其他**頂點**的路徑（第 4 章）。

constraint（限制） 為了解決限制滿足問題而必須滿足的要求（第 3 章）。

crossover（交換） 在基因演算法中，組合**群體**裡的個體而產生後代，此後代是親代的混合體，而且也是下個**世代**的一部分（第 5 章）。

CSV 一種文字交換格式，其中資料集的列所包含的值是以逗號隔開，而列本身通常用新行字元隔開。CSV 是 *comma-separated values*（**逗號分隔值**）的縮寫。CSV 是試算表和資料庫常用的匯出格式（第 7 章）。

cycle（循環） 圖形裡參訪同一**頂點**兩次而沒有**回溯**的**路徑**（第 4 章）。

decompression（解壓縮） **壓縮**的逆過程，將資料回復成它原始的格式（第 1 章）。

deep learning（**深度學習**）　某種流行的口號，但實際上它是指使用先進的機器學習演算法來分析巨量資料的各種技術裡的任何一種。最常見的深度學習是指使用多層**人工神經網路**來解決那些資料量相當龐大的問題（第 7 章）。

delta（**差量**）　代表**神經網路**裡權重的期望值和實際值之間的差；期望值是以**訓練**資料和**反向傳播**來決定（第 7 章）。

digraph（**有向圖**）　參見 *directed graph*（第 4 章）。

directed graph（**有向圖**）　也稱為 *digraph*，這是一種**邊**只能以同一方向遊歷的**圖形**（第 4 章）。

domain（**值域**）　限制滿足問題裡**變數**可能的值（第 3 章）。

dynamic programming（**動態規劃**）　動態規劃不是使用暴力法立即解決大問題，而是將問題拆分成較小的子問題，每個子問題都更容易管理（第 9 章）。

edge（**邊**）　圖形裡兩個**頂點**（節點）之間的連接（第 4 章）。

exclusive or（**互斥或**）　參見 *XOR*（第 1 章）。

feed-forward（**前饋**）　一種信號沿著同一方向傳播的**神經網路**類型（第 7 章）。

fitness function（**適應函數**）　一種評估問題可能解決方案效能的函數（第 5 章）。

generation（**世代**）　基因演算法評估的一輪，也用來指稱一輪裡活躍的**群體**（第 5 章）。

genetic programming（**基因程式設計**）　一種使用**選擇**、**交換**、**突變**運算子進行自我修改的程式，目的是要找出程式設計問題裡難以發現的解決方案（第 5 章）。

gradient descent（**梯度下降**）　使用計算過的**差量**（在**反向傳播**期間）和學習率修改**人工神經網路**權重的方法（第 7 章）。

graph（圖形） 一種抽象的數學構造，藉著將問題拆分成一組連接的節點來塑模現實世界的問題。節點稱為頂點，而連接稱為邊（第 4 章）。

greedy algorithm（貪婪演算法） 這種演算法總是能在任何決策點選擇最佳即時的選擇，有望得到整體最佳解決方案（第 4 章）。

heuristic（啟發法） 和指向正確方向來解決問題的方法有關的直覺（第 2 章）。

hidden layer（隱藏層） 前饋人工神經網路裡輸入層和輸出層之間的任何分層（第 7 章）。

infinite loop（無窮迴圈） 不會停止的迴圈（第 1 章）。

infinite recursion（無窮遞迴） 一組不會停止而是繼續進行其他遞迴呼叫的遞迴呼叫。類似無窮迴圈，通常是因為缺少基本情況所造成（第 1 章）。

input layer（輸入層） 前饋人工神經網路的第一層，它會從某種外部實體接收輸入（第 7 章）。

learning rate（學習率） 通常是常數的數值，根據計算過的差量來調整人工神經網路裡權重的修改比率（第 7 章）。

memoization（備忘法） 一種儲存運算工作的結果以供後續從記憶體取回的技術，它可以節省重建相同結果所需的額外運算時間來重建相同結果（第 1 章）。

minimum spanning tree（最小生成樹） 使用邊的最小總權重連接所有頂點的一種生成樹（第 4 章）。

mutate（突變） 在基因演算法中，在個體被包含到下一世代之前，隨機更改個體的某些屬性（第 5 章）。

natural selection（物競天擇） 適應性好的生物能成功，而適應性差的生物會失敗的進化過程。如果環境裡的資源有限，最適合利用這些資源的生物將能生存並繁衍。過了幾個世代之後，結果會讓有益處的特性在群體裡繁衍，因此就會因為環境限制而自然獲得選擇（第 5 章）。

neural network（神經網路）　數個神經元一起處理資訊的網路。神經元通常被認為是分層的組織架構（第 7 章）。

neuron（神經元）　個別神經細胞，例如人腦中的神經細胞（第 7 章）。

normalization（正規化）　讓不同類型的資料變成可以互相比較的過程（第 6 章）。

NP-hard　NP-（困難）　屬於沒有已知的多項式時間演算法可以解決的問題（第 9 章）。

nucleotide（核苷酸）　DNA 4 種鹼基的其中一種性質：腺嘌呤（A）、胞嘧啶（C）、鳥嘌呤（G）、胸腺嘧啶（T）（第 2 章）。

output layer（輸出層）　前饋人工神經網路裡的最後一層，用來決定給定輸入和問題的網路結果（第 7 章）。

path（路徑）　一組連接圖形裡兩個頂點的邊（第 4 章）。

ply（分支數）　雙人遊戲裡的一回合（通常視為一個動作、一步棋或一手）（第 8 章）。

population（群體）　在基因演算法中，群體是相競解決問題的個體的集合，每一個體代表問題的可能解決方案（第 5 章）。

priority queue（優先佇列）　一種根據「優先順序」提出項目的資料結構。例如為了要優先回應最高優先權的呼叫，優先佇列可以和緊急呼叫的集合一起使用（第 2 章）。

queue（佇列）　強制依照 FIFO（先進先出）順序的抽象資料結構。佇列實作物至少要提供分別用在加入和刪除元素的推入操作和提出操作（第 2 章）。

recursive function（遞迴函式）　呼叫它自己的函式（第 1 章）。

selection（選擇）　在基因演算法世代中選擇個體進行繁衍而創造下一世代個體的過程（第 5 章）。

sigmoid function（S 函數）　用在人工神經網路裡的其中一組流行的激勵函數。S 函數傳回的一定是 0 到 1 之間的值。這對於確保網路可以代表線性變換以外的結果也很有用（第 7 章）。

SIMD instructions（SIMD 指令） 針對使用向量進行計算而最佳化的微處理器指令，有時也稱為向量指令。SIMD 是 *single instruction, multiple data*（單一指令、多重資料）的縮寫（第 7 章）。

spanning tree（生成樹） 連接圖形裡每個**頂點**的樹（第 4 章）。

stack（堆疊） 強制執行後進先出（LIFO）順序的抽象資料結構。堆疊實作物至少要提供分別用來加入和刪除元素的推入操作和提出操作（第 2 章）。

supervised learning（監督式學習） 使用外部資源以某種方式將演算法引導至正確結果的任何一種機器學習技術（第 7 章）。

synapses（突觸） **神經元**之間的間隙，在其中釋放了允許電流傳導的神經傳導物。以外行的白話來說，這些就是**神經元**之間的聯繫（第 7 章）。

training（訓練） 針對某些給定輸入使用已知正確輸出的**反向傳播**，來調整**人工神經網路**權重的階段（第 7 章）。

tree（樹） 在任兩頂點之間只有一條**路徑**的**圖形**。樹是**非循環**（第 4 章）。

unsupervised learning（非監督式學習） 任何不使用預先的知識就能得出結論的機器學習技術，也就是說，這種技術的學習成果並未接受引導而是自己運作所得（第 6 章）。

variable（變數） 在限制滿足問題的情況下，變數是作為問題解決方案一部分的一些必須解決的參數。變數可能的值是它的**值域**。解決方案的需求是一個或數個**條件限制**（第 3 章）。

vertex（頂點） **圖形**裡的單一節點（第 4 章）。

XOR（互斥或） 一種邏輯位元運算，當它兩個運算元的任何一個為真就會傳回 `true`，但當兩個運算元都為真或都不為真，會傳回 `false`。XOR 是 *exclusive or* 的縮寫。在 Python，XOR 的運算子是 ^（第 1 章）。

z-score（z- 分數） 偏離資料集平均值的資料點的標準差數量（第 6 章）。

附錄 B
更多資源

接下來該到哪裡尋找進一步的資訊呢？本書涵蓋了廣泛的主題，這個附錄將為你連上有助你進一步探索這些主題的廣大資源。

B.1 Python

如本書前言所述，這本書假設你的 Python 語言至少具備中階程度。這裡我列了兩本 Python 書籍，它們是我個人曾經用過並推薦給想讓 Python 程度提升到另一個層次的人。這些書不適合 Python 初學者（Naomi Ceder 著作的《*The Quick Python Book*》 [Manning, 2018] 適合 Python 初學者），但可以讓中階程度的 Python 使用者升級到進階的 Python 使用者。

- Luciano Ramalho, 《*Fluent Python: Clear, Concise, and Effective Programming*》 (O'Reilly, 2015)
  - 少數沒有將入門中階 / 進階題材混在一起的熱門 Python 語言書籍；本書的目標顯然是中階 / 進階的程式開發人員
  - 涵蓋大量的進階 Python 主題
  - 講解最好的實作方式；這本書教你編寫最「Python」的 Python 程式碼
  - 每個主題包含了的大量程式碼範例，並且解釋了 Python 標準程式庫的內部工作
  - 有些地方可能有點冗長，但很容易就能跳過這些部分

- David Beazley and Brian K. Jones, 《*Python Cookbook*》, 第 3 版 (O'Reilly, 2013)
  - 透過範例講解了許多日常的程式設計工作
  - 有些工作遠超過了初學者會做的工作
  - 充分利用 Python 標準程式庫
  - 因為是 5 年前出版的書，因此內容有些過時（不包括最新的標準程式庫工具）；我希望第 4 版能盡快出版

B.2 演算法和資料結構

引用本書的前言：「這不是一本資料結構和演算法的教科書」。本書很少使用大 O 記法，也沒有數學證明，反而更像是動手實作的重要程式設計的技術教學，也是很有價值的實用教科書。它不僅提供了某些技術為何運作的更正式的解說，並且也可作為實用的參考。線上的資源雖然很棒，但有時候經過學者和出版商精心審查的資訊會更好。

- Thomas Cormen, Charles Leiserson, Ronald Rivest, and Clifford Stein, 《*Introduction to Algorithms*》, 第 3 版 (MIT Press, 2009), https://mitpress.mit.edu/ books/introduction-algorithms-third-edition.
  - 這是電腦科學裡獲得最多引用的教科書—非常權威的著作，因此經常只需要以其作者的縮寫就能引用此書：CLRS
  - 涵蓋的內容豐富且嚴謹
  - 它的教學風格有時不如其他教科書平易近人，但它仍是非常優秀的參考
  - 大多數的演算法都提供了虛擬碼
  - 第 4 版正在開發，且因此書價格昂貴，因此可能值得研究何時會出版第 4 版
- Robert Sedgewick and Kevin Wayne, 《*Algorithms*》, 第 4 版 (Addison-Wesley Professional, 2011), http://algs4.cs.princeton.edu/home/.
  - 全面且平易近人的介紹了演算法和資料結構
  - 規劃良好，且所有的演算法皆有 Java 的完整範例
  - 在大學演算法課程很受歡迎

- Steven Skiena, 《*The Algorithm Design Manual*》, 第 2 版 (Springer, 2011), http://www.algorist.com.
  - 它的方法和本學科的其他教科書不同
  - 提供的程式碼比較少，但用更多文字來討論每種演算法的適當用法
  - 為相當多種演算法提供類似「選擇你自己的冒險」的引導指南
- Aditya Bhargava, 《*Grokking Algorithms*》 (Manning, 2016), https://www.manning.com/books/grokking-algorithms.
  - 圖形化的基本演算法教學方法，還伴隨了可愛的卡通人物
  - 不是參考教科書，而是第一次學習某些基本精選主題的指南

B.3 人工智慧

人工智慧正在改變我們的世界。本書不僅介紹了一些諸如 A* 和 minimax 等傳統的人工智慧搜尋技術，也介紹了這門科學令人興奮的分支，機器學習，包括其中像是 k-means 和神經網路等技術。學習人工智慧不僅有趣，而且還確保你能為下一波運算做好準備。

- Stuart Russell and Peter Norvig, 《*Artificial Intelligence: A Modern Approach*》, 第 3 版 (Pearson, 2009), http://aima.cs.berkeley.edu.
  - AI 的權威教科書，經常用在大學課程
  - 廣度十足
  - 優秀的原始碼儲藏庫（該書虛擬碼的實作版本）可從線上取得
- Stephen Lucci and Danny Kopec, 《*Artificial Intelligence in the 21st Century*》, 第 2 版 (Mercury Learning and Information, 2015), http://mng.bz/1N46.
  - 對於那些尋找比 Russell 和 Norvig 更樸實且色彩更豐富的指南的人來說，這是一本平易近人的教科書
  - 有許多業界的有趣小故事和現實世界應用程式的許多參考文獻

- Andrew Ng, “Machine Learning” 課程 (史丹佛大學), https://www.coursera.org/learn/machine-learning/.
  - — 免費的線上課程，涵蓋了機器學習裡的許多基礎演算法
  - — 由世界知名專家授課
  - — 業界人士通常將此稱為這個領域的絕佳起點

B.4 函數程式設計

Python 雖然能以函數的風格進行程式設計，但它實際上並非為此設計。使用 Python 本身可以深入研究函數程式設計，但是使用純函數程式語言工作，然後將經驗所學到的一些想法帶回 Python，也可能會有所幫助。

- Harold Abelson and Gerald Jay Sussman with Julie Sussman,《*Structure and Interpretation of Computer Programs*》 (MIT Press, 1996), https://mitpress.mit.edu/sicp/.
  - — 經常用在大學電腦科學的函數程式設計經典入門課程
  - — 書中使用 Scheme 這個容易上手的純函數程式語言
  - — 可免費從線上取得
- Aslam Khan, 《*Grokking Functional Programming*》 (Manning, 2018), https://www.manning.com/books/grokking-functional-programming.
  - — 圖形化和易學的函數程式設計入門
- David Mertz, 《*Functional Programming in Python*》 (O’Reilly, 2015), https://www.oreilly.com/programming/free/functional-programming-python.csp.
  - — 提供 Python 標準程式庫的某些函數程式設計工具函式的基本入門
  - — 免費
  - — 篇幅僅 37 頁——不是很全面，但是個很好的起點

B.5　實用的機器學習開源專案

有許多針對高效能機器學習進行最佳化的實用第三方 Python 程式庫，第 7 章提到了一些，這些專案提供的功能和實用性比你自己開發的還多。對於重要的機器學習或巨量資料的應用程式，你應該要使用這些程式庫（或與它們相當的程式庫）。

- NumPy, http://www.numpy.org.
  - 業界標準的 Python 數值程式庫
  - 為了加快效能，幾乎是以 C 實作
  - 許多 Python 機器學習程式庫的基礎，包括 TensorFlow 和 scikit-learn
- TensorFlow, https://www.tensorflow.org.
  - 最受歡迎的神經網路 Python 程式庫
- pandas, https://pandas.pydata.org.
  - 很受歡迎的程式庫，用來將資料集匯入 Python 並進行操作
- scikit-learn, http://scikit-learn.org/stable/.
  - 本書講授的幾種機器學習演算法（和其他更多演算法）都有完整的實作於 scikit-learn 之中，而且它的功能相當全面

附錄 C 型別提示快速入門

Python 在 PEP 484 和 3.5 版引進了型別提示（或型別註解）作為語言正式的一部分。從那時候起，型別提示在許多 Python 基礎程式碼就變得越來越常見，而且 Python 語言也為它們添加更強大的支援。本書每個原始碼都用了型別提示。在這份簡短的附錄，我的目的在介紹型別提示，解說它們為什麼有用、它們的一些問題，並且將你導向更深入的相關資源。

> **WARNING** 這份附錄並非型別提示的完整內容；反之，這只是簡短的開始。細節請參閱 Python 官方文件：https://docs.python.org/3/library/typing.html。

C.1 什麼是型別提示？

型別提示是一種在 Python 程式裡為變數、函式參數、函式傳回值註解其預期型別的方式。也就是說，它們是程式開發人員可以在 Python 程式特定部分指示預期型別的一種方式。大多數 Python 程式都未以型別提示編寫。實際上，就算你的 Python 功力已是中階程度，在閱讀本書之前，也很可能從未見過以型別提示編寫的 Python 程式。

因為 Python 不需要程式開發人員指定變數型別，如果沒有型別提示而要找出變數型別的唯一方法是透過檢閱（從字面上閱讀原始碼或執行原始碼並將型別印出），或者透過文件。但這會有問題，因為這會讓 Python 程式碼更難閱讀（儘管有些人的觀點相反，我們會在此附錄稍後介紹）。另一個問題是因為 Python 非常彈性，它允許程式開發人員使用相同變數來引用多種型別的物件，而這可能會導致錯誤。型別提示有助於防止這種程式設計風格並減輕這些錯誤。

現在 Python 有了型別提示，我們稱它為**逐步型別化**（*gradually typed*）的語言，意思是你可以在需要時使用型別註解，但並不是強制。在這份簡短的入門，我希望說服你（儘管你可能會因為它們從根本上改變了 Python 語言的外觀而產生抗拒），有型別提示可以使用是一件好事，一件你應該在程式碼多加利用的好事。

C.2 型別提示像什麼樣子？

型別提示要加到宣告變數或函式的程式碼裡，在變數或函式參數使用冒號（:）表示型別提示的開始、對函式傳回型別則使用箭頭（->）表示型別提示的開始。例如以下的 Python 程式碼：

```
def repeat(item, times):
```

如果沒看到函式定義，你知道以上這個函式打算做什麼嗎？是要列印字串幾次嗎？還有其他事情要做嗎？我們當然可以閱讀函式定義來瞭解它打算做什麼，但這會花費更多時間。不幸的是，這個函式的作者也沒有提供任何文件。讓我們以型別提示重寫一次：

```
def repeat(item: Any, times: int) -> List[Any]:
```

這就很清楚了。只要看到型別提示，就會發現這個函式接受 `Any` 型別的 `item`，並傳回內容填滿了數量為 `times` 個相同型別項目的 `List` 串列。文件當然還是有助於瞭解這個函式，但是至少程式庫的使用者現在知道要提供什麼樣的值，以及可以預期傳回什麼樣的值。

假設要使用這個函式的程式庫只適用浮點數，而且這個函式應該用在其他函式設定串列。我們很容易就能更改型別提示來指示浮點數的條件限制：

```
def repeat(item: float, times: int) -> List[float]:
```

現在 `item` 很清楚必須是 `float`，傳回的串列裡也會都是 `float`。好吧，**必須**這個詞有些誇大。從 Python 3.7 開始，型別提示和 Python 程式的執行無關。它們真的只是提示而不是必須。Python 程式在執行階段可以完全忽略它的型別提示，並且打破它任何假設的條件限制。不過，型別核對工具可以在開發時評估程式裡的型別提示，而且如果有任何對函式不合規定的呼叫，就會告知程式開發人員。在它正式上線運作之前就能捕捉到 `repeat("hello", 30)` 的呼叫（因為 `"hello"` 不是 `float`）。

讓我們再看另一個範例。這次我們將檢視變數宣告的型別提示：

```
myStrs: List[str] = repeat(4.2, 2)
```

上述的型別提示並無意義，它說 myStrs 應該是字串串列。但是我們從先前的型別提示得知，repeat() 傳回浮點數串列。同樣因為從 3.7 版開始的 Python 不會在執行時驗證型別提示的正確性，所以這項錯誤的型別提示將不會影響程式執行。不過，型別核對器可能會在它變成災難之前捕捉到這個程式開發人員的錯誤或對正確型別的誤解。

C.3 為什麼型別提示有用？

既然知道型別提示是什麼，或許你會好奇想知道為什麼這所有的麻煩都很值得。畢竟你也知道 Python 在執行階段會忽略型別提示。為什麼 Python 直譯器不在意，卻還要花這些時間將型別註解加到程式碼？正如前述，型別提示之所以很棒是因為這兩個原因：它們是自我陳述的程式碼，而且它們允許型別核對器在執行之前驗證程式的正確性。

大多數靜態型別程式設計語言（例如 Java 或 Haskell）需要宣告型別讓函式（或方法）很清楚的能預期會使用什麼參數以及會傳回什麼型別。這減輕了程式開發人員的一些文件負擔。例如，以下 Java 方法預期的參數或傳回型別就完全沒有指定的必要：

```
/* 吃掉世界，將產生的金額（欲當作廢渣）傳回 */
public float eatWorld(World w, Software s) { … }
```

將它和使用傳統 Python 編寫的相當方法所需的文件做個比較，以下是沒有使用型別提示：

```
# 吃掉世界
# 參數：
# w - 要吃掉的世界
# s - 要吃掉世界的軟體
# 傳回：
# 由世界產生的金額（float）
def eat_world(w, s):
```

藉由允許我們自我陳述我們的程式碼，型別提示讓 Python 文件像靜態型別的語言一樣簡潔：

```
# 吃掉世界，將產生的金額（欲當作廢渣）傳回
def eat_world(w: World, s: Software) -> float:
```

再舉個極端的例子，你接手了沒有任何註解的既有系統原始碼。有還是沒有型別提示會讓無註解的程式碼更容易理解？答案是型別提示能讓你不必深入研究無註解函式的實際程式碼，就能瞭解要傳什麼型別作為參數、預計會傳回什麼型別。

請記住，型別提示本質上是一種聲明程式裡的某個點所預期的型別的方式。然而 Python 並沒有採取任何行動來驗證這樣的預期。這就是型別核對器介入的地方。型別核對器可以驗證內容充滿了型別提示的 Python 原始碼檔案，驗證它們在程式執行時是不是能成立。

Python 型別提示有多種不同的型別核對器，例如流行的 Python IDE PyCharm 就內建了型別核對器。如果在 PyCharm 編輯使用了型別提示的程式，它會自動指出型別錯誤。這有助你甚至能在寫完函數之前就發現錯誤。

在我撰寫本書時，首屈一指的 Python 型別核對器是 mypy。這個專案是由 Guido van Rossum 主導，他也是 Python 最初的創造者。這會不會讓你覺得型別提示可能在 Python 的未來會扮演非常重要的角色？安裝 mypy 之後，簡單一行 `mypy example.py` 就可以使用它，這裡的 `example.py` 是要核對型別的檔案名稱。mypy 會將你程式裡所有的型別錯誤輸出到主控台；如果沒有錯誤，就沒有輸出。

型別提示將來可能還有其他很有用的方式。現在，型別提示對執行中的 Python 程式效能並沒有影響（最後一次重申，它們會在執行階段遭到忽略）。但是未來的 Python 版本可能會使用型別提示裡的型別資訊來執行最佳化。在這樣的世界，也許你只需加入型別提示就能提升 Python 程式的執行速度。當然，這純粹是猜測，我並不知道有任何計劃打算要實作以 Python 型別提示為基礎的最佳化。

C.4 型別提示的缺點為何？

使用型別提示有 3 項可能的缺點：

- 相較於不使用型別提示，編寫型別提示的程式碼需要更長的時間。
- 某些情況的型別提示可能導致可讀性下降。
- 型別提示還未完全成熟，有些型別限制若以目前 Python 的實作版本來實作，可能會造成混淆。

使用型別提示的程式碼需要花費較長的時間編寫，原因有兩個：要打更多字（也就是要按更多按鍵）、必須對程式碼思考更多。對程式碼思考更多幾乎一定是好事，但是想太多卻會讓你慢下來。不過，你會希望在程式執行之前藉著型別核對器捕捉到錯誤來彌補浪費的時間。將原本型別核對器可代勞的工作，改成自己除錯所花費的時間，可能比編寫任何複雜的基礎程式碼對型別推敲所花的時間更長。

有些人發現使用型別提示的 Python 程式碼，比沒有型別提示的 Python 程式碼更難讀，可能的兩個原因是陌生和冗長。相較任何你熟悉的語法，不熟悉的語法的可讀性會降低。型別提示的確改變了 Python 程式的外觀，一開始可能對它們不熟悉，這只能透過編寫和閱讀更多使用型別提示的 Python 程式碼來慢慢改善。第二個冗長，也是更根本的問題。Python 以簡潔的語法聞名。通常，以 Python 編寫的程式會比另一種語言寫的相同程式短得多。使用型別提示的 Python 程式碼會失去緊湊，肉眼無法快速掃描，因為要讀的內容變得多很多。但它的好處是讓你能在第一遍看到程式時，就能對程式有更深的掌握，就算讀的時候會多花一點點時間。使用型別提示，你會立即看到所有預期的型別，這比起還要用肉眼掃描程式碼本身來瞭解型別，或必須閱讀文件更加省時省工夫。

最後，型別提示還在不斷變化。自它們從 Python 3.5 首次出現至今，它們的確有所改進，但在某些情況的型別提示依然無法正常工作；第 2 章就有一個這樣的例子。`Protocol` 型別通常是型別系統重要的一部分，尚未包含在 Python 標準程式庫的型別模組，因此在第 2 章必須引入第三方的 `typing_extensions` 模組。目前已經計劃在未來官方的 Python 標準程式庫版本納

入 `Protocol`，但尚未包含其中的事實，也剛好證明了 Python 型別提示仍處於早期萌芽階段。在撰寫本書的期間，我就遇過幾次這種難解的狀況，不像基本資料型別已包含在標準程式庫之中了。因為 Python 不要求型別提示，因此在這個階段可以在不方便使用的地方忽略它們，在其他場合你依然可以藉著使用型別提示來獲得若干好處。

C.5 取得更多資訊

本書的每一章都有型別提示的範例，但這不是使用型別提示的教學課程。學習型別提示的最佳起點是 Python 型別模組（https://docs.python.org/3/library/typing.html）的官方文件。這份文件解釋了所有可用的內建型別，以及如何在幾種進階的情境使用它們；這已經超出了本份入門資訊的範圍。

另一份你真的應該要看的型別提示資源是 mypy 專案（http://mypy-lang.org）。mypy 是首屈一指的 Python 型別核對器。也就是說，這是你實際用來驗證型別提示的軟體。除了安裝並使用它，你也應該查看 mypy 的文件（https://mypy.readthedocs.io/）。這份文件不僅豐富，而且也解說了某些標準程式庫文件並未提及的情況該如何使用型別提示；例如泛型就是特別讓人困惑的議題，而 mypy 泛型文件是很好的起點。其他很好的資源還包括 mypy 提供的“type hints cheat sheet”（https://mypy.readthedocs.io/en/stable/cheat_sheet_py3.html）。

索引

※ 提醒您：由於翻譯書排版的關係，部分索引名詞的對應頁碼會和實際頁碼有一頁之差。

符號

A

B

C

D

H

I

J

K

M

N

O

P

Q

R

S

T

U

V

W

Z

經典電腦科學問題解析｜使用 Python

作　　者：David Kopec
譯　　者：賴榮樞
企劃編輯：蔡彤孟
文字編輯：王雅雯
設計裝幀：張寶莉
發 行 人：廖文良

發 行 所：碁峰資訊股份有限公司
地　　址：台北市南港區三重路 66 號 7 樓之 6
電　　話：(02)2788-2408
傳　　真：(02)8192-4433
網　　站：www.gotop.com.tw
書　　號：ACL056000
版　　次：2020 年 06 月初版
建議售價：NT$480

國家圖書館出版品預行編目資料

經典電腦科學問題解析：使用 Python / David Kopec 原著；賴榮樞譯. -- 初版. -- 臺北市：碁峰資訊, 2020.06
面；　公分
譯自：Classic Computer Science Problems in Python
ISBN 978-986-502-457-4(平裝)
1.Python(電腦程式語言)
312.32P97　　109002799

讀者服務

- 感謝您購買碁峰圖書，如果您對本書的內容或表達上有不清楚的地方或其他建議，請至碁峰網站：「聯絡我們」\「圖書問題」留下您所購買之書籍及問題。(請註明購買書籍之書號及書名，以及問題頁數，以便能儘快為您處理)
http://www.gotop.com.tw

- 售後服務僅限書籍本身內容，若是軟、硬體問題，請您直接與軟體廠商聯絡。

- 若於購買書籍後發現有破損、缺頁、裝訂錯誤之問題，請直接將書寄回更換，並註明您的姓名、連絡電話及地址，將有專人與您連絡補寄商品。